Ferdinand Schäfer

Steuergeräte-Entwicklung mit AUTOSAR

Evaluierung der Entwicklungsumgebung Arctic Studio

disserta Verlag

Schäfer, Ferdinand: Steuergeräte-Entwicklung mit AUTOSAR: Evaluierung der
Entwicklungsumgebung Arctic Studio. Entwicklung AUTOSAR-basierter Systeme.
Hamburg, disserta Verlag, 2014

Buch-ISBN: 978-3-95425-468-2
PDF-eBook-ISBN: 978-3-95425-469-9
Druck/Herstellung: disserta Verlag, Hamburg, 2014
Covermotiv: © Uladzimir Bakunovich – Fotolia.com

Bibliografische Information der Deutschen Nationalbibliothek:
Die Deutsche Nationalbibliothek verzeichnet diese Publikation in der Deutschen
Nationalbibliografie; detaillierte bibliografische Daten sind im Internet über
http://dnb.d-nb.de abrufbar.

Das Werk einschließlich aller seiner Teile ist urheberrechtlich geschützt. Jede Verwertung
außerhalb der Grenzen des Urheberrechtsgesetzes ist ohne Zustimmung des Verlages
unzulässig und strafbar. Dies gilt insbesondere für Vervielfältigungen, Übersetzungen,
Mikroverfilmungen und die Einspeicherung und Bearbeitung in elektronischen Systemen.

Die Wiedergabe von Gebrauchsnamen, Handelsnamen, Warenbezeichnungen usw. in
diesem Werk berechtigt auch ohne besondere Kennzeichnung nicht zu der Annahme,
dass solche Namen im Sinne der Warenzeichen- und Markenschutz-Gesetzgebung als frei
zu betrachten wären und daher von jedermann benutzt werden dürften.

Die Informationen in diesem Werk wurden mit Sorgfalt erarbeitet. Dennoch können
Fehler nicht vollständig ausgeschlossen werden und die Diplomica Verlag GmbH, die
Autoren oder Übersetzer übernehmen keine juristische Verantwortung oder irgendeine
Haftung für evtl. verbliebene fehlerhafte Angaben und deren Folgen.

Alle Rechte vorbehalten

© disserta Verlag, Imprint der Diplomica Verlag GmbH
Hermannstal 119k, 22119 Hamburg
http://www.disserta-verlag.de, Hamburg 2014
Printed in Germany

Kurzfassung:

Die vorliegende Studie habe ich im siebten Semester meines Bachelor-Studiums der Fahrzeugtechnologie an der Hochschule Karlsruhe – Technik und Wirtschaft bei der **ITK Engineering AG** angefertigt. Ziel dieser Studie ist die Evaluierung der AUTOSAR-Entwicklungsumgebung der schwedischen Firma ArcCore AB: **Arctic Studio**, welches auf dem Eclipse-basierten Framework Artop aufsetzt. Dieses Software-Werkzeug soll für die ITK Engineering AG auf seine Einsatzfähigkeit und Eignung im Rahmen von **AUTOSAR**-Projekten mit Kunden und Partnern der Automobilbranche geprüft werden. Kontext der Studie ist das von der ITK Engineering AG geleitete Innovationsprojekt IM_ARC_CORE. Zur Evaluierung der Entwicklungsumgebung Arctic Studio werden exemplarische Funktionalitäten nach dem AUTOSAR-Standard modellbasiert realisiert. Evaluierungskriterien sind hauptsächlich die von AUTOSAR definierten Spezifikationen und die von der ITK Engineering AG festgelegten Anforderungen, die im Rahmen dieses Projektes geprüft werden. Bestandteil dieser Arbeit ist des Weiteren eine ausführliche Einführung in die Thematik AUTOSAR. Dieser aktuell an Bedeutung gewinnende Automotive Embedded Software Standard wird vor dem Hauptteil vorgestellt.

Schlagwörter: *AUTOSAR, AUTOSAR Methodology, Artop, Arctic Studio, Modellbasierte Entwicklung, Code-Generatoren*

Abstract:

The present survey was written during my internship with **ITK Engineering AG** in my seventh semester of Automotive Technology studies at the University of Applied Sciences of Karlsruhe. The aim of this study is to assess the **AUTOSAR**-IDE (Integrated Development Environment) **Artic Studio**, which is based on the Eclipse-framework Artop and produced by the Swedish company ArcCore AB. Reviewing this software was necessary in order to know, whether it would be appropriate to use the product in AUTOSAR-related projects with clients and partners of the automotive industry. This study was carried out in the framework of ITK Engineering AG's innovation project IM_ARC_CORE. In order to gauge the IDE Artic Studio, various functionalities were developed in an AUTOSAR- and model-based design-compliant way. The assessment of Artic Studio is mainly focused on ITK Engineering AG's criteria and the specifications of AUTOSAR. Moreover, the present survey also provides a detailed introduction to the embedded automotive software standards of AUTOSAR.

Keywords: *AUTOSAR, AUTOSAR Methodology, Artop, Arctic Studio, Model-based Design, Code Generation*

Vorwort:

Diese Studie befasst sich mit der Inbetriebnahme und Evaluierung einer Entwicklungsumgebung im AUTOSAR-Umfeld. Ich habe diese Arbeit am Hauptsitz der ITK Engineering AG in Herxheim i.d. Pfalz über den Zeitraum Juli 2012 bis Februar 2013 erstellt.

Ausführlich danken möchte ich M. Sc. Sebastian Bollinger für seine zuverlässige Betreuung dieser Arbeit und die Unterstützung in allen Phasen, die für ihre Erstellung notwendig waren. Mein Dank richtet sich insgesamt an die Firma ITK Engineering AG für das hervorragende professionelle Umfeld, die zur Verfügung gestellten Arbeitsmaterialien und Lizenzen und das kollegiale Arbeitsklima. Ebenfalls anerkennen möchte ich die Unterstützung weiterer Mitarbeiter der ITK Engineering AG: Dipl.-Ing. Abdul Rahman Fadloun, M. Sc. Falko Bohnsack und Dipl.-Ing.(FH) Rüdiger Hauser, für ihre zahlreichen Auskünfte im technischen Umfeld, und Dipl.-Ing. Björn Fallnich und Dr. Sebastian Buck, für die Themenfindung dieser Arbeit. Dankenswert ist ebenfalls die geduldige Unterstützung des technischen Support-Teams der Firma ArcCore AB. Für die Koordinierung dieser Studie möchte ich mich zudem bei meinem Betreuer seitens der Hochschule Karlsruhe – Technik und Wirtschaft, Prof. Dr.-Ing. Reiner Kriesten bedanken.

Einen ganz besonderen Dank möchte ich noch an meine Familie, meine Eltern und meine Freundin für die dauerhafte Unterstützung, die ich während meines Bachelor-Studiums erhalten habe, aussprechen.

Abkürzungsverzeichnis

µC:	Mikrocontroller
AAL:	Artop AUTOSAR Layer
ABS:	Anti-Blockier-System
ACC:	Adaptive Cruise Control
ADC	Analog-Digital-Converter
ADU:	Analog-Digital-Umsetzer
API:	Application Programming Interface
Artop:	AUTOSAR Tool Platform
ARXML:	Autosar Extensible Markup Language
ASAM:	Association for Standardisation of Automation and Measuring Systems
ASIC:	Application-Specific Integrated Circuit
ASIL:	Automotive Safety Integrity Level
Automotive SPICE:	Automotive Special Interest Group
AUTOSAR:	AUTomotive Open System ARchitecture[1]
BLDC	Brushless Direct Current
BMT:	Behavior Modeling Tool
BSW:	Basis-Software
BSWMD:	Basic Software Module Description
BUS:	Binary Unit System
CAN:	Controller Area Network
CDD:	Complex Device Driver
CMMI:	Capability Maturity Model Integration
COM:	(AUTOSAR)-Communication
CPU:	Central Processing Unit
DAU:	Digital-Analog-Umsetzer
DCM:	Diagnostic Communication Manager
DET:	Development Error Tracer
DIO:	Digital Input Output
DMA:	Direct Memory Access
E/E:	Electric/electronic
ECL:	Artop Eclipse Complementary Layer
ECU:	Electronic Control Unit
ECUC:	ECU Configuration
ECUM:	ECU Manager
ESP:	Elektronisches Stabilitätsprogramm
eTPU:	enhanced Time Processing Unit
GPIO:	General Purpose Input/Output
GUI:	Graphical User Interface
HIL:	Hardware-In-The-Loop
HIS:	Herstellerinitiative Software
I/O:	Inputs and Outputs
ICC:	Implementation Conformance Classes
IDE:	Integrated Development Environment
IoHwAb:	I/O Hardware Abstraction
IRQ:	Interrupt Request
ISR:	Interrupt-Service-Routine
JasPar:	Japan Automotive Software Platform Architecture
LED:	Light-Emitting Diode
MCAL:	Micro-Controller Abstraction Layer
MCU	Microcontroller Unit

---

[1] [B1]

MIL:	Model-In-The-Loop
MOF:	Meta Object Facility
MOST:	Media Oriented Systems Transport
NVRAM:	Non-Volatile-RAM
OEM:	Original Equipment Manufacturer
OMG:	Object Management Group
OS:	Operating System
OSEK/VDX:	Offene Systeme und deren Schnittstellen für die Elektronik im Kraftfahrzeug/ Vehicle Distributed Executive
PDU:	Protocol Data Unit
PLL	Phase-Locked Loop
PWM	Puls-Width Modulation
RAM:	Random Access Memory
ROM:	Read-Only Memory
RTE:	(AUTOSAR) Runtime Environment
RTOS:	Real Time Operating System
SchM:	Schedule Manager
SCOR:	Supply Chain Operations Reference
SIL:	Software-In-The-Loop
SPEM:	Software Process Engineering Metamodel
SPI:	Serial Peripheral Interface
SPICE:	Software Process Improvement and Capability Determination
SWC:	Software Component
TCP/IP:	Transmission Control Protocol / Internet Protocol
UML:	Unified Modeling Language
VFB:	Virtual Functional Bus
W3C:	World Wide Web Consortium
XCP:	Universal Measurement and Calibration Protocol
XML:	Extensible Markup Language

Inhaltsverzeichnis

1 Einleitung 1
2 Stand der Technik 3
   2.1 Steuergeräte im KFZ 3
   2.2 Software im KFZ-Steuergerät 7
   2.3 Automotive Embedded Software Entwicklung 9
   2.4 Kontext für AUTOSAR 13
3 AUTOSAR 15
   3.1 Vorstellung 15
   3.2 Motive und Ziele 17
   3.3 Der Standard AUTOSAR 18
      3.3.1 Die AUTOSAR Methodology 20
      3.3.2 Die AUTOSAR Architecture 24
      3.3.3 Die AUTOSAR Interfaces 30
   3.4 Positive Aspekte von AUTOSAR 33
   3.5 Kritische Betrachtung von AUTOSAR 36
   3.6 Bemerkungen 39
   3.7 AUTOSAR 4.0 41
4 Hauptteil 45
   4.1 Arctic Studio 45
      4.1.1 Kontext der Arbeit 45
      4.1.2 Vorstellung 45
      4.1.3 Inbetriebnahme 46
      4.1.4 Arbeitsgrundlage 48
      4.1.5 Workflow und Bezug zu AUTOSAR 52
   4.2 Entwicklung eines AUTOSAR-basierten Eingebetteten Systems 70
      4.2.1 Vorstellung der Hardware 71
      4.2.2 Basis-Konfigurationen 72
      4.2.3 Erstellung einer AUTOSAR-basierten Funktionalität und Interaktion
           mit modellbasierten Code-Generatoren 80
   4.3 Evaluierung des Arctic Studio 89
5 Fazit und Ausblick 95

1 Einleitung

Ziel dieser Studie ist die Evaluierung der AUTOSAR-Entwicklungsumgebung der schwedischen Firma ArcCore AB: Es handelt sich um das **Arctic Studio**, welches auf der bekannten Entwicklungsumgebung Eclipse[2] aufsetzt. Betrachtet wird dabei ein verhältnismäßig neues Produkt aus dem Sortiment der **AUTOSAR**-Werkzeuge, das gegenüber den renommierten Produkten der Markt-Führer noch kaum verbreitet und erprobt ist. So gilt es für die ITK Engineering AG, diese Integrierte Entwicklungsumgebung aus dem AUTOSAR-Umfeld in Betrieb zu nehmen, erste Erfahrungen bei der Erstellung von eingebetteten Funktionalitäten mit Arctic Studio zu sammeln und das Produkt schlussendlich zu evaluieren. Verhältnismäßig preiswerte Lizenzen für die Nutzung und die Integration des Produkts in Eclipse und dessen AUTOSAR-spezifisches Framework Artop[3] sind die zentralen Faktoren, die eine Auswertung des Arctic Studio interessant machen.

Nach dieser Einleitung soll das zweite Kapitel dieser Arbeit den Stand der Technik offen legen. Nicht nur die Bedeutung der Elektronik, die den technologischen Fortschritt allgemein vorantreibt, soll dort angesprochen werden. Vielmehr soll auch die Rolle der Embedded Software in der rasanten Innovationsentwicklung des Automobils beleuchtet werden. Diese ist aufgrund ihrer Verborgenheit meist noch weniger bekannt als der ohnehin schon komplexe Bereich der Elektronik. Wie im zweiten Kapitel weiter erläutert, kommt es vor allem auf das Zusammenspiel dieser beiden voneinander abhängigen Teilbereiche der Ingenieursdisziplin an. Als eigener Punkt wird in dem genannten Kapitel die Entwicklung der Automotive Embedded Software angesprochen, nicht zuletzt weil das Thema dieser Arbeit direkt in diesen Kontext einzubetten ist.

Im dritten Kapitel soll der Standard AUTOSAR nicht nur in seinen Grundzügen vorgestellt, sondern auch auf Basis aktueller fachlicher Einschätzungen erörtert werden. An dieser Stelle sei bereits darauf hingewiesen, dass AUTOSAR den Rahmen für das Arctic Studio und zahlreiche weitere Software-Werkzeuge darstellt. Es handelt sich um einen Standard, der international für die Automobil-Industrie und zukünftig wohl auch über diesen Sektor hinaus Maßstäbe setzt, um die Entwicklungsvorgänge für Funktionalitäten, wie sie die Kunden mit ESP[4] oder ABS[5] und immer innovativeren Anwendungen beanspruchen, intelligent umzusetzen. Die zum jetzigen Zeitpunkt aufzubringenden Leistungen, um AUTOSAR in der System-Entwicklung umzusetzen, versprechen langfristig eine deutlich übersichtlichere und effizientere Entwicklung fortgeschrittener Embedded Funktionalitäten. Um konform zu dem neuen Standard entwickeln zu können, wird der Einsatz von Software-Werkzeugen, wie der des untersuchten Produkts, notwendig.

Das vierte Kapitel stellt den Hauptteil dieser Arbeit dar. Die ITK Engineering AG verfolgt das Ziel, das Arctic Studio auf seine Einsatzfähigkeit und Eignung im Rahmen von AUTOSAR-Projekten mit Kunden und Partnern der Automobilbranche zu prüfen. Im vierten Kapitel sollen demnach die Grundsteine hierfür gelegt werden. Ein allgemeiner Leitfaden zur Arbeit mit dem Produkt innerhalb des Standards AUTOSAR soll entwickelt werden. Des Weiteren soll dort eine Einsicht in die Erstellung von Embedded Funktionalitäten mit AUTOSAR und dem Arctic Studio auf Basis der Modellbasierten Entwicklung ermöglicht werden. Diese praktischen Erfahrungen machen die Formulierung eines allgemein gültigen Arbeitsablaufs überhaupt erst möglich. Finaler Inhalt des vierten Kapitels soll die Evaluierung des Arctic Studio sein.

Im letzten Kapitel sollen Fazit und Ausblick zu der hier angefertigten Arbeit präsentiert werden.

---

[2] [B35]
[3] [B38]
[4] ESP: Elektronisches Stabilitätsprogramm
[5] ABS: Anti-Blockier-System

2 Stand der Technik

2.1 Steuergeräte im KFZ

Das Kraftfahrzeug der heutigen Zeit hat sich von seiner ursprünglichen Form, in der neben dem Antrieb nahezu alle Komponenten rein mechanischer Natur waren, zu einem hochkomplexen Gut entwickelt, indem die Elektronik in Gestalt von Hardware und Software eine unabdingbare Rolle eingenommen hat. Der Einsatz von Elektronik in Kombination mit mechanischen oder auch hydraulischen Bauteilen bietet neben der Erweiterung des Funktionsspektrums eine Vielzahl an technischen und wirtschaftlichen Vorteilen[6]. Schon im Jahre 2005 war erkennbar, dass rund 90 Prozent der Innovationen im Automobil aus dem Bereich der Elektronik[7] stammen und diese Tendenz besteht weiterhin. Die so erzeugten Fahrzeugfunktionen stellen für die Automobilhersteller auf dem Markt ein entscheidendes Differenzierungspotenzial dar[8].

Im Bereich der Funktionserzeugung, kommt heutzutage neben anderen älteren technischen Umsetzungen dem Mikrocontroller (µC) die führende Rolle zu[9]. Insbesondere wenn es darum geht komplizierte Funktionalitäten im Bereich der Steuerungs- und Regelungstechnik zu realisieren, stellt dessen Einsatz im Zusammenspiel mit Sensorik und Aktuatorik die einzige Möglichkeit dar, der geforderten Komplexität gerecht zu werden. Zusammen mit der Stromversorgung und der Vernetzung bilden Funktionserzeugung, Sensorik und Aktuatorik die 5 wichtigen Einheiten in der Grundstruktur der Kraftfahrzeugelektronik[10].

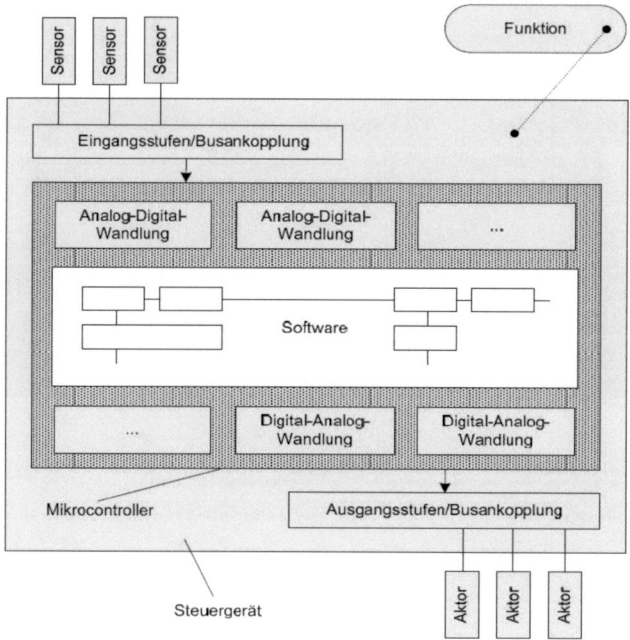

Abbildung 1: Übersicht zum funktionalen Aufbau eines Steuergeräts

---

[6] Vgl. [A1], S.2, Absatz 4
[7] Vgl. [A2], S.182, Absatz 3
[8] Vgl. [A3], S.61, Absatz 2
[9] Vgl. [A4], S.112 ff. und S.160 ff.
[10] [A4]

Der allgemeine Begriff des Steuergeräts, das im technischen Umfeld als ECU (Electronic Control Unit) bekannt ist, bezeichnet das digitalelektronische Bauteil µC, das im diskreten Zeit- und Wertebereich agiert mitsamt Peripherie-Bauteilen, die zu seiner Anbindung dienen. So erfolgt der Anschluss zu der Sensorik und der Aktuatorik, denen meistens Signale aus dem kontinuierlichen Zeit- und Wertebereich zugrunde liegen, über Wandler, einerseits Analog-Digital-Umsetzer (ADU), andererseits Digital-Analog-Umsetzer (DAU). Eine unabdingbare Rolle für die Anbindung der ECUs untereinander und mit der Sensorik und Aktuatorik kommt den diversen BUS (Binary Unit System)-Systemen zu, die in einem wechselseitigen funktionalen Zusammenhang mit den ECUs stehen. Im Kern eines jeden Steuergeräts steht die Software, die maßgeblich die Funktionalität, zu der die ECU beiträgt, festlegt. Sie macht die Realisierung umfangreicher Anwendungen erst möglich. Auf die Software und ihren Einfluss soll im folgenden Unterkapitel eingegangen werden. **Abbildung 1** gibt vereinfacht den funktionalen Aufbau eines Steuergeräts wieder.

Der Einsatz von µC und Software beruht auf den gigantischen technologischen Fortschritten der Elektronik[11] im Bereich der Halbleiter in den letzten Jahrzehnten, und bietet große Flexibilität hinsichtlich der gewünschten Funktionalität gegenüber anderen elektronischen Komponenten wie dem ASIC (Application-Specific Integrated Circuit), die alternativ zum µC zur Funktionserzeugung genutzt werden können.

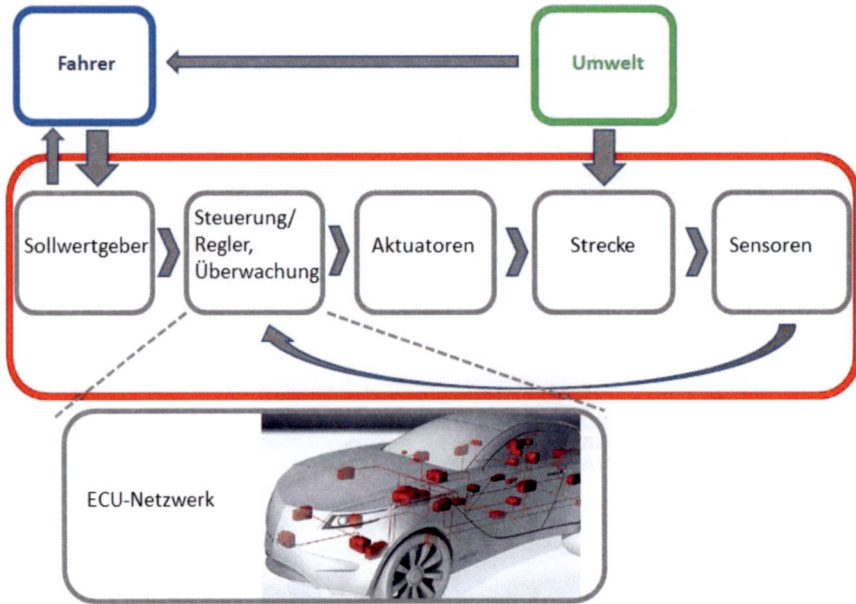

Abbildung 2: Blockschaltbild des Systems Fahrer-Fahrzeug-Umwelt

Um den Begriff der Funktion einzugrenzen, kann man ihn als „*gewollten Ursache-Wirkungs-Zusammenhang*"[12] auffassen. Oft aufgegriffen werden in diesem Kontext das Blockschaltbild aus der Systemtheorie und der Regelkreis aus der Regelungstechnik. Wichtig ist es in diesem Zusammenhang das „*System Fahrer-Fahrzeug-Umwelt*"[13] zu betrachten, in dem das Steuergerät seine Anwendung findet. Die **Abbildung 2** und die **Abbildung 3** sollen zu diesen Zusammenhängen einen Überblick geben. Auf Details der Regelungstechnik, die eine der führenden Ingenieursdisziplinen der heutigen Zeit ist, kann nicht weiter eingegangen werden. Es soll an dieser Stelle hervorgehoben werden, dass

---

[11] Vgl. [A4] ,S.6, Absatz 4
[12] [A3], S.62, Absatz 3
[13] [A1], S.2

nicht nur einzelne, sondern meist ein Verbund von ECUs die Regelung und Steuerung übernehmen, wie es in **Abbildung 2** verdeutlicht wird. Dieser wichtige Aspekt für die Umsetzung besonders leistungsfähiger Funktionen im Automobil wird mit dem Begriff *Vernetzte Systeme* oder *Verteilte Systeme* bezeichnet. Die abstrakte funktionale Struktur muss also von der technischen Steuergeräte-Struktur differenziert werden. Alternativ zur **Abbildung 2** wird der Regelkreis einer typischen Fahrzeugfunktion in **Abbildung 3** dargestellt: hervorgehoben wird hier der Einfluss von Sensorik und Aktuatorik im Umfeld des Steuergeräts. Es sollte nicht in den Hintergrund rücken, dass auch zwischen Fahrer und Umwelt Wechseleinflüsse bestehen.

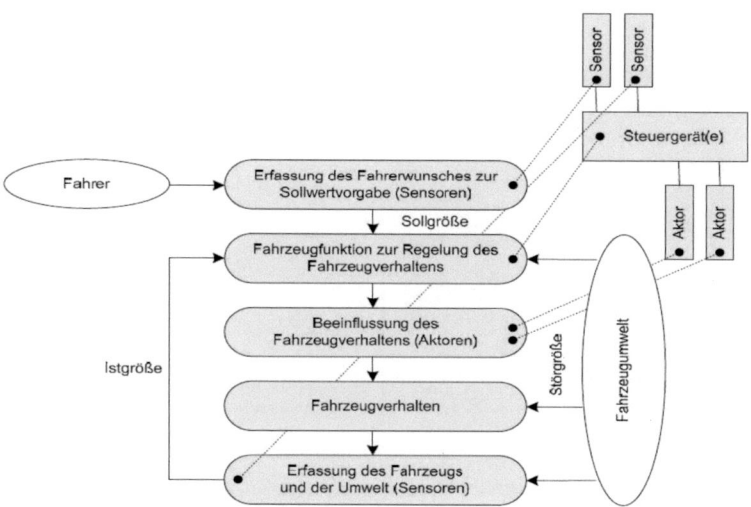

Abbildung 3: Regelkreis einer Fahrzeugfunktion

Zu Beginn des Einsatzes von Steuerungselektronik im Fahrzeug, war diese meist lokal in dem Fahrzeug-Subsystem untergebracht, an dem sie ihre Funktion realisierte. Die meisten Steuergeräte werden daher fest einem Bereich des Fahrzeuges zugeordnet. Da der gegenwärtige Markt höchste funktionelle Ansprüche an das Fahrzeug stellt, reicht eine solch Steuergeräte-orientierte Sicht aber längst nicht mehr aus, um den Ansprüchen des Kunden gerecht zu werden. Aus technischen Gründen, bleibt die Verteilung getrennter Steuergeräte im Fahrzeug bestehen, jedoch ermöglicht die Vernetzung über anwendungsspezifische BUS-Systeme, wie das seit den 80er Jahren bei Bosch entwickelte CAN[14] (Controller Area Network), einen adäquaten Datenaustausch der Steuergeräte untereinander.

Die Anbindung an BUS-Systeme ermöglicht die Verwirklichung von umfangreichen und innovativen Funktionalitäten in Form von Software und eröffnet neue Dimensionen für die Findigkeit der Ingenieure im Automobilbereich. Eine Funktion kann aus verschiedenen Bereichen im Automobil ihre Informationen beziehen, um anschließend nach Verarbeitung derselben an unterschiedlichen Stellen des Fahrzeugs zu agieren. Mehrere Funktionen können auf demselben Steuergerät untergebracht werden[15]. Eine Funktion kann auch in Teilfunktionen aufgeteilt werden, die anschließend auf verschiedenen ECUs gespeichert werden[16]. Entscheidend ist es also, wie bereits im vorherigen Absatz erwähnt, zwischen der logischen Funktions-Vernetzung und der Steuergeräte-Vernetzung zu unterscheiden. Der Vergleich von a) und b) in der **Abbildung 4** soll diese Differenzierung verdeutlichen.

---

[14] Vgl. [B2]
[15] Vgl. [A3], S.64, Bild 3.2
[16] Vgl. [A1], S.7, Absatz 1

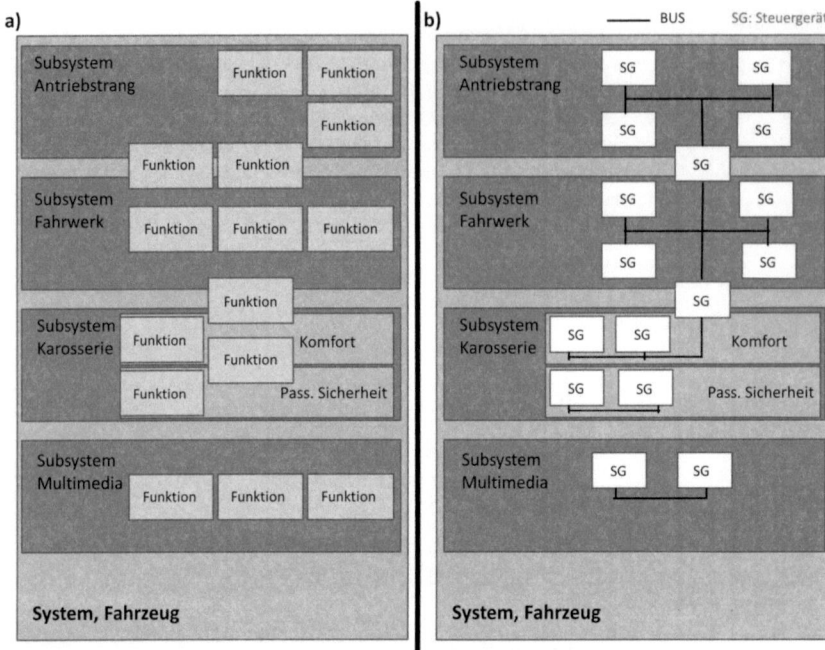

Abbildung 4: Logische Vernetzung „a)" und Steuergeräte-Vernetzung „b)" in einem KFZ

Um der Anwendung verteilter Funktionen im aktuellen Automobil etwas näher zu kommen, wird an dieser Stelle Bezug auf das Buch von Toralf Trautmann, „Grundlagen der Fahrzeugmechatronik. Eine praxisorientierte Einführung für Ingenieure, Physiker und Informatiker"[17] genommen, genauer auf das 8. Kapitel. Die verteilte Funktion der adaptiven Geschwindigkeitsregelung, auch bekannt als ACC (Adaptive Cruise Control), wird dort näher erläutert, und man kann sich einen Eindruck über den Umfang einer solchen Funktionalität verschaffen. Neben diesem verhältnismäßig bekanntem Beispiel werden auch Funktionen erwähnt, die dem Autofahrer wohl meist verborgen bleiben. So bestehen im manchen Automobilen logische Verknüpfungen zwischen dem Regensensor und der Bremsanlage, die bei Feuchtigkeit eine Trocknung der Bremsscheiben und somit ein optimales Bremsverhalten des Automobils bei Regen gewährleisten sollen. Der Überbegriff *Embedded Systems*, zu Deutsch *Eingebettete Systeme*, bezeichnet all diese Systeme, die mit Hilfe eines Steuergeräts „quasi verborgen" eine technische Funktion realisieren[18]. Die Multimedia-Funktionen werden in der Regel gesondert betrachtet.

Die Anzahl der Funktionen, über die ein durchschnittliches Automobil verfügt, steigt insbesondere seit Anfang des vergangenen Jahrzehnts stark an. Diese Entwicklung geht mit einem Anstieg der Anzahl an Steuergeräten im Fahrzeug einher, wobei zu vermerken ist, dass insbesondere in den letzten Jahren die Dichte der Funktionen, die auf demselben Steuergerät angesiedelt sind, zunimmt[19]. Oberklassewagen wie der BMW der 7er Serie aus dem Jahre 2008 verfügen bereits über bis zu 90 Steuergeräte[20] und auch bei Mittelklassewagen sind 30 ECUs keine Seltenheit. **Abbildung 5** zeigt die Steuergeräte-Topologie mit serienmäßigen und optionalen Steuergeräten in der gemeinsamen Plattform der Modelle Audi A6 und A7 aus dem Jahre 2011.

---

[17] [A6]
[18] Vgl. [A3], S.63
[19] Vgl. [A1], S.15
[20] Vgl. [A5]

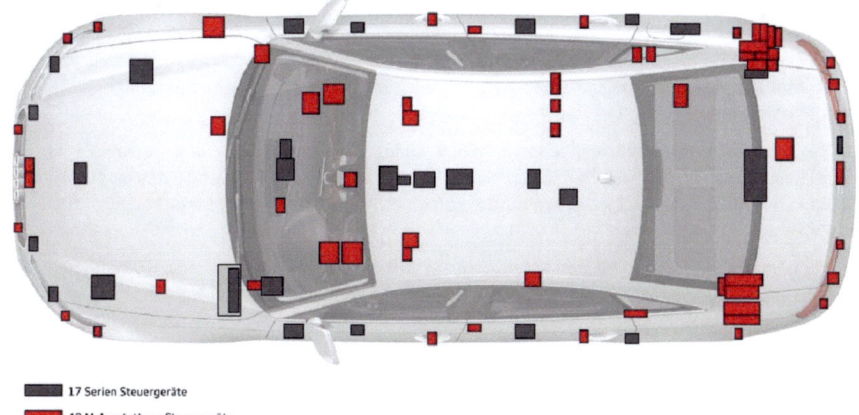

■ 17 Serien Steuergeräte
■ 40 M-Ausstattung Steuergeräte

Abbildung 5: Steuergeräte-Topologie der Modell-Plattform Audi A6 und A7 aus dem Jahre 2011

Zunehmend werden auch in höchstem Maße sicherheitsrelevante Funktionen mit Einsatz von Elektronik und Software realisiert[21]. Der Sammelbegriff *X-By-Wire* bezeichnet den Trend zur Verkettung von Sensorik, ECU und Aktuatorik. Auch bewährte mechanische Systeme des Fahrzeugs, werden heutzutage zur Optimierung durch mechatronische Systeme ersetzt, in der ECUs und deren Software im Zentrum der Funktionalität stehen. So wird z.B. bei dem *Steer-By-Wire* der Lenkbefehl ohne durchgängige mechanische Verbindung vom Lenkrad auf die Vorderräder umgesetzt.

Es ist nicht Teil dieser Arbeit nähere Details zur technischen Umsetzung der ECU-Hardware zu geben. Das 8. Kapitel und insbesondere Unterkapitel 8.1 im Buch „Grundlagen der Kraftfahrzeugelektronik" von Manfred Krüger[22] liefert hierzu gute Informationen; die Grundzüge der ECU-Hardware werden dort näher erläutert. Aus dem gleichen Grund kann hier nicht ausführlich auf das Themengebiet BUS-Systeme eingegangen werden. Hierzu bietet beispielsweise das Kapitel 1 im Werk „Automobilelektronik. Eine Einführung für Ingenieure" von Konrad Reif[23] Basis-Informationen.

2.2 Software im KFZ-Steuergerät

Im vorherigen Kapitel wurde angedeutet, dass Software im hier angesprochenen Kontext eine Schlüsselstellung hat. Es stellt sich aber schnell die Frage, wie sich Software definieren lässt. Es ist für diesen Zweck hilfreich, sich einer Basis-Definition eines Online-Lexikons zu bedienen[24]: Zum einen ist die Abgrenzung gegenüber der Hardware, die man als Gesamtheit der materiellen Bestandteile eines Systems ansehen kann, wichtig, zum anderen ist die Differenzierung zwischen dem Software-Programm und den Daten, die von der Software verarbeitet werden, von Bedeutung.

Um dies im Bereich der Mikrocontroller zu verdeutlichen[25]: Programm und Daten sind meist in separaten Speicher-Bereichen untergebracht. So wird das eigentliche Programm in der Regel in einem Flash-ROM (Read-Only Memory) abgelegt und Daten können unter anderem im RAM (Random Access Memory) gespeichert werden. Diese Speicher-Bausteine selbst sind Teil der Hardware, deren Zentrum der Prozessor ist: Er verarbeitet die Programm-Befehle mit einer festgelegten Taktfrequenz.

Im Rahmen dieser Arbeit, soll also mit Software folgendes bezeichnet werden:

---

[21] Vgl. [A15], S.2, Absatz 3
[22] [A4]
[23] [A3]
[24] Vgl. [B15]
[25] Vgl. [A12], S.5

- Information, die in einem schöpferischen Vorgang in Modellen und Hochsprachen der Programmierung entwickelt wird, um Funktionalitäten im Automotive Bereich zu produzieren.
- Das Programm in Form digitaler Information, Bits und Bytes, im Speicherbereich von KFZ-Steuergeräten, die deren Anwendung grundlegend mitbestimmt und deren Rechenkapazität kontrolliert.

Aus der ersten Charakterisierung leiten sich vor allem Vorgehensweisen und Techniken für die Entwicklung ab. Die mit der zweiten Beschreibung angesprochene Eigenschaft deutet hingegen mehr auf das Endprodukt hin, welche die eigentliche Funktionalität darstellt und zahlreiche Spezifikationen erfüllen muss.

Von elementarer Bedeutung ist der Prozess der in **Abbildung 6** dargestellt wird. In nahezu jedem Software-Entwicklungsprozess ist er aufzufinden. Entwicklungsseitig wird Software meist in Form von Quellcode in Programmierhochsprachen wie ANSI-C gehandhabt. Steuergeräteseitig stehen die digitalen Informationen im Vordergrund, Formate wie -S19, -elf oder -exe müssen aus der Entwicklungssoftware erzeugt werden, um Funktionalitäten auf Steuergeräten umzusetzen. Um also von der Entwicklungssoftware zur Steuergerätesoftware überzugehen, müssen PC-seitig Schritte wie das *Kompilieren* und *Linken* vollzogen werden. Man kann diesen Prozess mit den Begriffen Übersetzen und Binden gleichsetzen. Der so erzeugte Maschinencode, der auch als *Executable* bezeichnet wird, kann nun auf das Steuergerät *geflasht* werden, ein Vorgang, der seinen Namen in Anlehnung an den hierbei betroffenen Flash-Speicher, der in der Entwicklung als Programmspeicher dient, trägt.

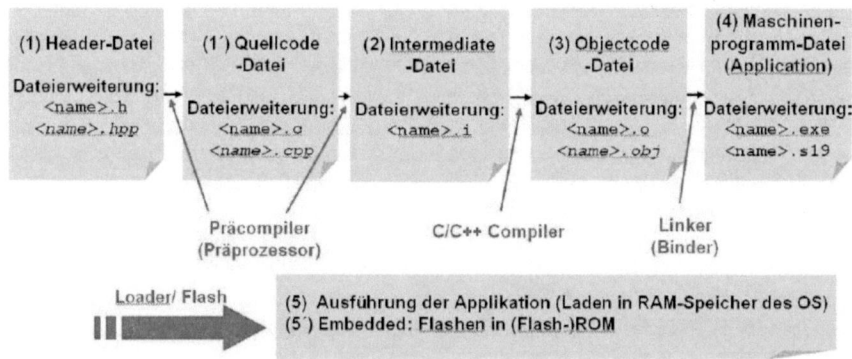

Abbildung 6: Ablauf zur technischen Programmerzeugung

Eine gute Einführung zum Thema Software für Eingebettete Systeme bietet das Skript „SW-Engineering - Strukturen eingebetteten Codes – modellbasierte Modellierungstechniken -"[26] von Reiner Kriesten. Darüber hinaus liefert sein Buch „Embedded Programming. Basiswissen und Anwendungsbeispiele der Infineon XC800-Familie" einen profunderen Einstieg in den Umgang mit Mikrocontrollern und deren Programmierung.

Software für Eingebettete Systeme kann ihrem Zweck nach in zwei Kategorien unterteilt werden[27] – diese Aufteilung spiegelt sich bei der Entwicklung in unterschiedlichen Aufgabenteilungen wieder. So unterscheidet man prinzipiell zwischen Applikationssoftware und Plattformsoftware. Die Applikationssoftware beinhaltet die eigentliche Funktionalität. Die Plattformsoftware dient in erster Linie der Ansteuerung und Abstraktion der verwendeten Hardware. Sie bezeichnet zum einen die Treiber, die für den Betrieb der verschiedenen Einheiten (Ein-und Ausgänge, Speicher, etc.) benötigt

---

[26] [A13]
[27] Vgl. [A9], S.177 ff.

werden und zum anderen das Betriebssystem. Die Notwendigkeit der Plattformsoftware rührt von der Artenvielfalt der im Bereich der Eingebetteten Systeme verbreiteten Hardware: Es werden so viele unterschiedlichen Steuergeräte mit verschiedensten Peripherie-Bauteilen eingesetzt, dass deren Ansteuerung eine Aufgabe mit großer Vielfalt darstellt.

Sehr oft werden an die Ausführung von regelungstechnischen Funktionen in der Software strenge zeitliche Anforderungen gestellt[28]. Dies bedeutet, dass gewisse Aufgaben innerhalb eines begrenzten Zeitraums erledigt werden müssen. Als zentraler Teil der Software wird daher oft ein sogenanntes Echtzeitbetriebssystem, im Fachjargon als RTOS (Real Time Operating System) bezeichnet, vorgesehen, das *„die Betriebsmittel verwalten und die Ausführung von anderen Programmen überwachen und steuern"*[29] soll. Einen guten Einstieg in diese Thematik erhält man im Kapitel 2.4 des Werkes [A1] oder im 2. Kapitel des Handbuchs [A14]. Der meist verbreitetste Standard für ein solches Echtzeitbetriebssystem im Fahrzeug ist das von der Organisation OSEK/VDX[30] (Offene Systeme und deren Schnittstellen für die Elektronik im Kraftfahrzeug/ Vehicle Distributed Executive) definierte OSEK-OS.

Es gilt schließlich nochmal die zentrale Rolle der Software im System Fahrzeug zu verdeutlichen. Die Software ist die Basis der Funktionserzeugung[31], die nur im Zusammenspiel mit dem gesamten technischen System funktioniert[32]. Das Thema „Embedded Software" ist hochkomplex. Nahezu jede erdenkliche Funktionalität kann in Form von Software erstellt werden und dies für die verschiedensten Varianten von Fahrzeugen mit unterschiedlichen ECU-Architekturen. *„Die Softwareumfänge liegen bei bis zu 100 Millionen Lines of Code und Tausende von Funktionen werden durch Software bestimmt"*[33].

Der Fachartikel „Mit welcher Software fährt das Auto der Zukunft?"[34] aus der ATZ extra Ausgabe 2011-03, bündelt mehrere nennenswerte Aspekte: Die Software wird als *„dominierender Innovationsfaktor im Auto"* bezeichnet. Als Ursachen für das immer weiter wachsende Bedürfnis an Software im Fahrzeug werden Elektromobilität und immer stärkere Vernetzung des Fahrzeugs nach außen mit dem Schlagwort *Car-2-X* genannt. In dem Artikel aufgeführte Schätzungen gehen von einer Entwicklung aus, die der Software im Jahre 2025 zwischen 30 und 50 Prozent des Kostenanteils eines Fahrzeugs zuweisen könnten. Ein erheblicher Einfluss auf dieses Geschehen, kommt dem Prozess der Softwareentwicklung zu: Neue Architektur-Überlegungen, noch mehr Qualitätssicherung und Standardisierung sind im Rahmen der Entwicklung angesagt.

2.3 Automotive Embedded Software Entwicklung

Es ist nicht möglich eine Arbeit im Rahmen der Fahrzeugelektronik zu schreiben, ohne das V-Modell[35] zu erwähnen. Für erfahrene Entwickler und Ingenieure in der Branche der Eingebetteten Systeme mag dieser Begriff eine Selbstverständlichkeit sein. Genau dies ist der Grund ihn zu erwähnen. Es handelt sich um ein Vorgehensmodell, dessen Anwendung sich mehr als bewährt hat und dessen Befolgung maßgeblich hilft, um der Komplexität bei der Entwicklung vernetzter Systeme im Fahrzeug Herr zu werden. Es soll hier mehr auf das Vorgehen an sich als auf die Gründe und Ziele der Entwicklungsstrategien eingegangen werden.

Der zweite Teil des Buchs [A9] erklärt detailliert neben geltende Anforderungen, vor allem Techniken und Methoden der Modellbasierten Software-Entwicklung für Eingebettete Systeme. Hierbei ist der Begriff der Modellbasierten Entwicklung[36] von größter Bedeutung: Mit Hilfe von graphischen

---

[28] Vgl. [A1], S.60, Absatz 3
[29] [A3], S.35, Absatz 2
[30] [B12]
[31] Vgl. [A3], S.61, Absatz 1
[32] Vgl. [A9], S.169, Absatz 3
[33] [A7]
[34] [A7], S.1
[35] [B13]
[36] Vgl. [A9], S165 und S.180 ff.

Benutzer-Oberflächen werden viele Entwicklungsschritte auf hohen Abstraktionsebenen durchgeführt. Als bekanntester Vertreter der Programme in der modelbasierten Entwicklung sei hier Simulink von Mathworks[37] genannt. Größter Vorteil von vielen Tools der Modelbasierten Entwicklung ist die revolutionäre automatische Code-Generierung, bei der Software aus Modellen und Konfigurationen vollautomatisch erstellt wird. Im fünften Kapitel des Werks [A1] können angewandte Methoden und Werkzeuge der Modelbasierten Entwicklung eingesehen werden.

Neben dem V-Model finden auch Normen Anwendung, wie sie in der ISO-9000 Familie, in SPICE (Software Process Improvement and Capability Determination) oder im CMMI (Capability Maturity Model Integration) definiert sind[38]. Extrem hilfreich für die Arbeitsprozesse ist die Standardisierung: Die Einhaltung von ASAM[39] (Association for Standardisation of Automation and Measuring Systems), OSEK, JasPar[40] (Japan Automotive Software Platform Architecture) und nicht zuletzt AUTOSAR vereinfachen erheblich die Abläufe, bei denen der Datenfluss-und Austausch allgegenwertig ist.

Permanente Begleiter in der Software-Entwicklung wie auch im Rest der KFZ-Elektronik sind vor allem die strengen Sicherheitsansprüche und der hohe Kostendruck[41]. So müssen bei der Funktionsauslegung immer umfangreiche Tests mit Rückschlüssen für die Entwicklung durchgeführt oder auch redundante Auslegungen vorgesehen werden. Speicherbedarf und die notwendige Hardware zur Unterbringung der Software müssen angesichts der extrem hohen Stückzahlen in der Automobilbranche optimiert werden, um die Kosten einzudämmen.

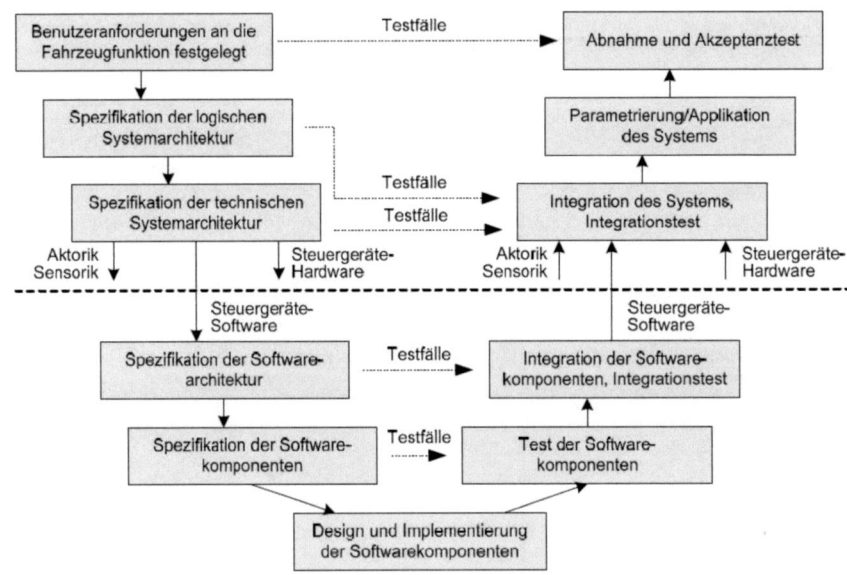

Abbildung 7: V-Modell

Um hier die Grundzüge des V-Modells kompakt darstellen zu können, soll eine Beschreibung in Anlehnung an Konrad Reifs Schilderung im 3. Kapitel seines Buchs [A3] erfolgen. Die **Abbildung 7** gibt dieses Vorgehen wieder. Man sollte sich immer im Klaren sein, dass das V-Modell eine ideale Darstellung für das Vorgehen in der Entwicklung ist, welche nur schwer den sich oft wandelnden

---
[37] [B14]
[38] Vgl. [A1], S.19 und [A3], S.68
[39] [B11]
[40] [B8]
[41] Vgl. [A1], S20/21

Charakter des mit dem Kunden erstellten Lastenhefts wiederspiegeln kann. Auch der in Realität oft verschwimmende Übergang zwischen den einzelnen Phasen, ist hier nicht ersichtlich.

Es lassen sich folgende grundlegende Merkmale für das V-Modell ausmachen:
1. Trennung in zwei Äste, die das V bilden, und den idealen Verlauf der Entwicklung darstellen.
2. Vertiefung in die Entwicklung auf der linken Seite und Integration und Tests der Entwicklung auf der rechten Seite.
3. Horizontale Wechselwirkungen zwischen absteigendem und aufsteigendem Ast.
4. Aufteilung der Systementwicklung in Software, Hardware, Aktuatorik und Sensorik.
5. Der Sockel des V stellt den zentralen Implementierungsschritt dar.

Im linken Ast verfährt man nach dem Prinzip einer sogenannten Top-down-Entwicklung, bei der aus den generellen Anforderungen immer mehr ins Detail entwickelt wird. So wie man beim Folgen dieses Asts absteigt, gewinnt die Entwicklung immer mehr an Tiefe. Am Anfang einer jeden Entwicklung stehen die Anforderungen an die gewünschte Fahrzeugfunktion auf Systemebene. Hiervon ausgehend wird ein abstraktes Funktionsmodell, die logische Systemarchitektur, die noch ganz von der technischen Umsetzung gelöst ist, erarbeitet. Bei der Spezifikation der technischen Systemarchitektur wird dann die Verknüpfung der notwendigen ECUs vorgenommen, die Funktionalitäten der logischen Architektur werden auf die ECUs verteilt und passende BUS-Systeme werden gewählt. Bei diesem Entwicklungsstand kommt es nun zur Aufgliederung des Prozesses, aus der ein autarker Pfad für die Softwareentwicklung entsteht.

Es werden einmal mehr Überlegungen zur Architektur, diesmal der Software, angestellt. Schlagwörter sind hier Abstraktion und Schichtenmodell. Nachdem man bei diesem Schritt am Sockel des V angelangt ist, werden die verschiedenen Bestandteile der Software-Architektur, die man als Software-komponenten bezeichnet, nun konkretisiert. So werden Daten-, Verhaltens- und Echtzeitmodell erstellt[42] und eine prozessornahe Softwarelösung gefertigt. Endergebnis dieses Arbeitsschrittes ist Quellcode in Form einer Hochsprache, meist C im Automotive Bereich, oder Maschinencode. Die Programmierung von Maschinennahem Code kann Vorteile aufweisen, wenn es darum geht relevante Festlegungen hinsichtlich Prozessor und Speicher zu treffen[43].

Der Verlauf im rechten Ast des V-Modells beinhaltet eine Reihe von Tests, von denen der Komponenten-Test an erster Stelle steht. Es werden ebenfalls die Integrationstests durchgeführt, bei denen die jeweiligen Bestandteile auf das Zusammenspiel in ihr Architektur-Gefüge überprüft werden. Eine Errungenschaft der letzten Jahre sind die im Rahmen der modelbasierten Entwicklung durchführbaren virtuellen Tests, die immer frühzeitigere Rückschlüsse auf das entwickelte Produkt erlauben[44]. Es soll hier auch nochmal auf die erwähnten horizontalen Beziehungen im V-Modell eingegangen werden: Für jeden Testfall auf einer Ebene im aufsteigenden Ast werden als Bewertungskriterien die Spezifikationen derselben Ebene im absteigenden Ast herangezogen. Aus der **Abbildung 7** nicht so klar ersichtlich ist jedoch der Einfluss der Testfälle auf die Spezifikationen. Ohne die notwendigen Rückschlüsse auf die Spezifikationen zu ziehen, wären die Test aber zwecklos.

---

[42] Vgl. [A1], Kap. 6.2
[43] Vgl. [A12], S.33
[44] Vgl. [A16]

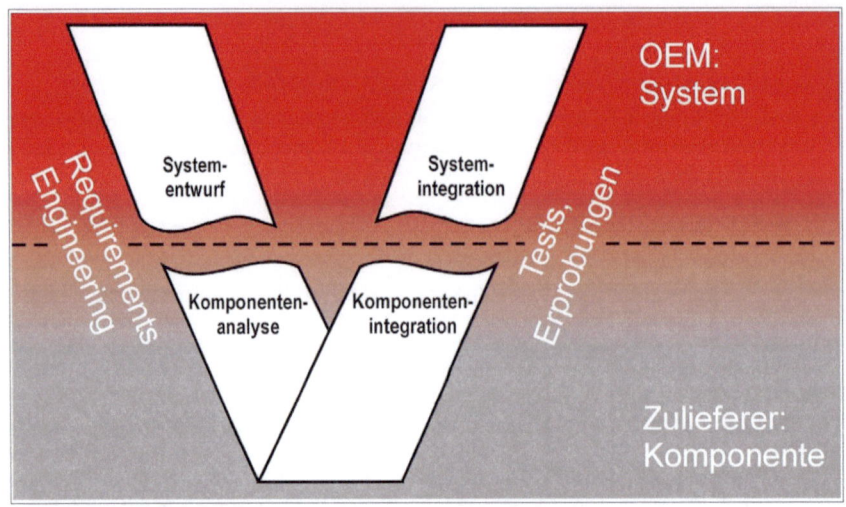

Abbildung 8: Teilung des V-Modells zwischen OEM und Zulieferer

Um den Entwicklungsprozess auch wirtschaftlich einzubetten, soll betont werden, dass er geteilt, also im Zusammenspiel mit Zulieferern abläuft. Dies gilt für den gesamten Elektronikbereich, soll aber nur für den Softwarebereich besprochen werden. Die **Abbildung 8** veranschaulicht diesen Zusammenhang. Grundsätzlich kann man die Systemüberlegungen im oberen Abschnitt des V den Automobilherstellern, die in ihrer Branche meist als OEMs (Original Equipment Manufacturer) bezeichnet werden, zuordnen. Die eigentliche Softwareentwicklung (in der Basis des V) für eine gewisse Funktionalität wird von spezialisierten Zulieferern übernommen. Hierbei können sich, wie **Abbildung 9** zeigt, gewisse Varianten Im Entwicklungsprozess ergeben: Stehen die Anforderungen an das System seitens des Automobilherstellers, können verschiedene Zulieferer mit der Software-Realisierung gewisser Funktionalitäten beauftragt werden. Umgekehrt kann auch ein Zulieferer eine Software-Lösung zu einer gewissen Aufgabe mehreren OEMs anbieten. Die ideale 1:1 Beziehung, bei der die gesamte Software eines Fahrzeugs für einen OEM von einem Zulieferer realisiert wird oder ein Zulieferer seine Lösung lediglich einem OEM anbietet, ist untypisch. Ziel dieses Absatzes ist also, sich hinsichtlich der vorhandenen Multiplizität in den OEM-Zulieferer-Beziehungen bewusst zu machen, dass eine erhöhte Komplexität bezüglich der Schnittstellen der Zulieferer-Software zu den OEM-Systemen besteht und somit eine gewisse Adaptabilität zwischen der Software-Lösung und dem Steuergeräte Netzwerk, das einem Fahrzeug zugrunde liegt, notwendig ist. Die Lieferanten Beziehungen des Herstellers sind hier selbstverständlich vereinfacht dargestellt[45].

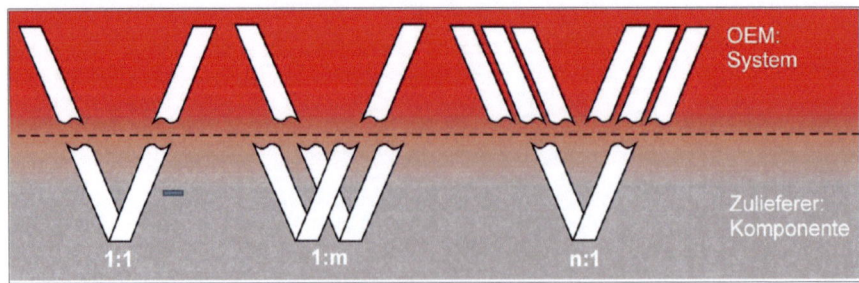

Abbildung 9: Multiplizität in den OEM-Zulieferer-Beziehungen

---

[45] Vgl. [A1], S.26

2.4 Kontext für AUTOSAR

Um sich erste Vorstellungen zum Thema AUTOSAR bilden zu können, ist es an dieser Stelle sinnvoll, die zentralen Gedankengänge aus den vorherigen Unterkapiteln zu kondensieren. So sticht vor allem ins Auge, dass Embedded Software ein hochkompliziertes Gut ist, das gerade durch seine immaterielle Beschaffenheit schwer zu begreifen ist.

Software für Steuergeräte weist eine stetig wachsende Bedeutung in diversen Gebieten der Automobilbranche auf und schafft sogar neue Bereiche für die Entwicklung, wie es z.b. die Car-2-X Technologien zeigen. Software ist der große Weg zu Wertschöpfung im Automobil unserer Zeit. Sämtliche Randbedingungen der Automobilbranche finden daher auch hier Geltung: So sind ständige Innovationen, geringe Entwicklungskosten, kurze Entwicklungszeiten, extrem hohe Sicherheitsanforderungen und Umweltschutz Faktoren, die allgegenwertig sind. Innovation und Kostensenkung bewirken so z.B. das man immer umfangreichere und leistungsfähigere Software entwickelt und diese bei möglichst geringem Ressourcen-Verbrauch im Fahrzeug einsetzen möchte[46].

Wie bereits mehrfach angedeutet besteht zwischen Hardware und Software in gewisser Hinsicht eine Diskrepanz. Die Software ist im Bereich der vernetzten Systeme nur als Teil des gesamten Systems vollständig funktionsfähig und somit fest an das System und dessen Hardware gebunden. Trotzdem gelten an sie gewisse Ansprüche, die dafür sprechen sie von einer spezifischen Hardware zu entkoppeln. Es sollen hier exemplarisch folgende Punkte geschildert werden:

- Beispielsweise zielt ein Zulieferer darauf ab, eine Funktion in Form von Software für möglichst viele OEMs und deren Fahrzeugreihen nutzbar zu machen. Hierbei ergibt sich jedoch folgende Problematik: Die Steuergeräte-Topologie mit BUS-Systemen kann von einem Fahrzeug zum anderen völlig unterschiedlich sein und weiterhin unterscheiden sich die einzelnen Steuergeräte vom Prozessor bis zu den Speichereinheiten. Des Weiteren besteht ein grundsätzlicher Unterschied zwischen der Funktionsvernetzung und der Steuergeräte-Vernetzung im Fahrzeug, wie es im Unterkapitel „2.1 Steuergeräte im KFZ" dargelegt wurde. Es stellt sich demnach die Frage, wie eine Software-Funktionalität für diese unterschiedlichsten Bedingungen ausgelegt werden kann.
- Hardware und Software folgen unterschiedlichen Entwicklungen. Unabhängig voneinander können in beiden Bereichen Innovationen entstehen. Es wäre daher z.B. sinnvoll, wenn eine bereits entwickelte Funktionalität mit einer neuartigen Hardware-Komponente verwendbar wäre. Umgekehrt ist es auch von Vorteil, wenn eine neue Software-Anwendung auf ein bereits produziertes Fahrzeug nachgeladen werden kann[47], ohne tief auf die Hardware des betroffenen KFZ eingehen zu müssen. Gerade letztere Variante ist insofern von Interesse, als heute produzierte Fahrzeuge meist umfangreich mit Sensorik, Aktuatorik und Steuergeräten ausgestattet und mit langen Lebenszyklen im Gebrauch sind. Eine Erweiterung der Funktionalitäten des Fahrzeuges über ein Software-Update ist daher von Bedeutung.

Die Tatsache, dass die aktuell gängige Embedded Software noch stark auf technische Besonderheiten ausgerichtet ist, erhöht enorm deren Kompliziertheit und verursacht hohe Kosten[48]. Im allgemeinen Automotive Kontext gelten Kosteneinsparung und Qualitätssteigerung. Mit Blick auf die steigende Bedeutung der Software ist es also an der Zeit, im Fahrzeug rechtzeitig die grundlegenden Maßnahmen zu ergreifen, um die Software-Entwicklung mit all ihren aktuellen Gegebenheiten und bewährten Prinzipien wie der Modellbasierten Entwicklung, beherrschbar und wirtschaftlich zu gestalten[49].

---

[46] Vgl. [A8], S. 60
[47] Vgl. [A1], Kap. 1.4.2.3 und [A8], S.38, Absatz 6/7
[48] Vgl. [A7], S.3, Absatz 3
[49] Vgl. [A8], S.47, Absatz 2, 3

3 AUTOSAR

3.1 Vorstellung

AUTOSAR steht für „AUTomotive Open System ARchitecture". Aus wirtschaftlicher Perspektive, handelt es sich um eine internationale Partnerschaft von Automobilherstellern, Automobil-Zulieferern, Standard-Software-und Software-Tool-Herstellern sowie Halbleiter-Produzenten, die im Jahre 2003 gegründet wurde.[50] Im Zentrum der Entwicklungspartnerschaft, die in vier Mitgliedschaftsebenen strukturiert ist[51], stehen die neun *Core Partner*, unter denen denen fünf deutsche Unternehmen auftreten.

Die Vorstellungsbroschüre der AUTOSAR Initiative[52] präsentiert folgende zwei Leitsätze:

- „PRINCIPLE OF AUTOSAR: AUTOSAR has the principle "Cooperate on standards, compete on implementation". As the delivery of implementations – in particular implementations of basic software and tooling – must be enabled and supported worldwide, the best quality and service is expected in free competition on implementation level."
- „AUTOSAR – THE VISION: AUTOSAR aims to improve complexity management of integrated E/E architectures through increased reuse and transferability of SW modules between OEMs and suppliers"

Neben einer Vielzahl an Zielen und Vorteilen, die von der AUTOSAR-Initiative angeführt werden, lassen sich aus den beiden zitierten Aussagen die Hauptgedanken der Partnerschaft entnehmen:

- AUTOSAR legt eine Standardisierung für Software im KFZ-Steuergerät fest.
- Die Software soll so weit wie möglich Hardware-unabhängig gemacht werden.

Wie der Titel „AUTomotive Open System ARchitecture" andeutet, wird des Weiteren ein besonderes Augenmerk auf die Architektur gelegt. AUTOSAR umfasst in der aktuellsten Version 4.0 ca. 16000 Seiten Spezifikationen[53], die sich ausschließlich auf Software beziehen. An dieser Stelle lohnt es sich eine begriffliche Auffälligkeit zu analysieren. Im Namen AUTOSAR wird von System-Architektur gesprochen, die Spezifikationen von AUTOSAR betreffen jedoch nur die Software. Man könnte daher meinen, dass der Titel AUTOSAR einen Umfang suggeriert, den er gar nicht umfasst. Handelt es sich um Software oder Systeme? Wie weit greift der Standard AUTOSAR tatsächlich? Wie es Olaf Kindel und Mario Friedrich im 2. Kapitel ihres Buchs „Software-Entwicklung mit AUTOSAR. Grundlagen, Engineering, Management in der Praxis"[54] deuten, rührt diese begriffliche Vermischung von der zentralen Rolle der Software im Bereich der Automobilelektronik: Die Software fügt die vielen vorhandenen Hardware-Standards zu einer funktionalen Einheit zusammen. Die Aussage *„Im Gegensatz zu klassischer IT-Software ist das entwickelte Produkt nicht die Software selbst sondern das Gesamtsystem"*[55] im Buch „Eingebettete Systeme. Systemgrundlagen und Entwicklung eingebetteter Systeme" von Karsten Berns, Bernd Schürmann und Mario Trapp bündelt sehr gut diesen Sachverhalt.

---

[50] [B3]
[51] [A8], S.51/52
[52] [B3]
[53] Information, die aus einer direkten Nachfrage bei AUTOSAR stammt.
[54] [B3]
[55] [A9], S.169, Absatz 3

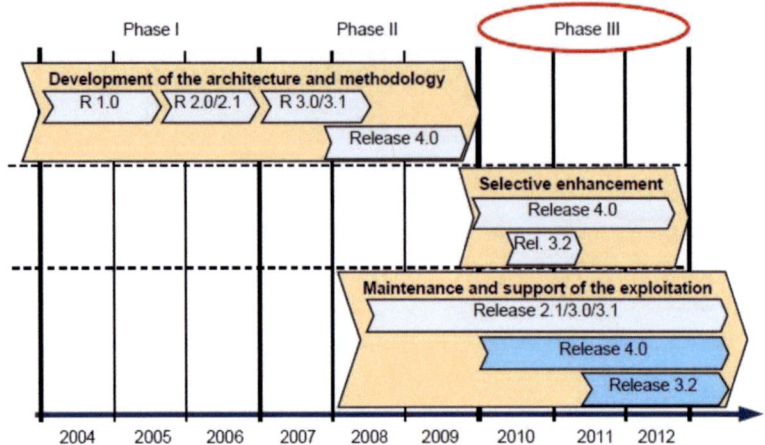

Abbildung 10: AUTOSAR Timeline

Die zeitliche Organisation des Gremiums strukturiert sich in drei strategischen Phasen, der Reihe nach Basic Development, Extension und Maintenance die sich zum Teil überlappen. AUTOSAR hat sich mittlerweile fest im Automobilmarkt etabliert[56]. Nachdem sich Release 3.2 bewähren konnte, stellt Release 4.0 die aktuellste Veröffentlichung von AUTOSAR dar. Wie man es der **Abbildung 10**, die den zeitlichen Ablauf von AUTOSAR darstellt, entnehmen kann, werden diese beiden letzten Versionen über die nächsten Jahre hinweg nebeneinander unterhalten und weiterentwickelt. Ein Auszug aus der Fachpresse, aus dem Artikel „Autosar 4.0 – und jetzt? Herausforderungen und Lösungsansätze für den Einsatz"[57], der im März 2012 in der ATZelektronik erschienen ist, beschreibt diesen Sachverhalt besonders treffend: *„Die Release 4.0 bietet zahlreiche neue Features, dazu zählen Konzepte bezüglich Functional Safety (Funktionale Sicherheit), Multi-Core, Partial Networking (Teilnetzbetrieb) etc.. Die Version stösst auf grosse Resonanz, BMW und Volvo setzen sie bereits für ihre nächsten Fahrzeugprojekte ein. Auch weitere OEMs, die Autosar neu einführen wollen, interessieren sich für die Release 4. Parallel dazu wird es jedoch noch länger die Autosar Release 3.2 geben, die vor allem bei zwei grossen deutschen OEMs, Daimler und Audi, zum Einsatz kommt".*

Trotz der grundsätzlich positiven Resonanz ist die Verbreitung von AUTOSAR heutzutage noch begrenzt. Schätzungsweise 25 Millionen Steuergeräte, und damit nur ein kleiner Bruchteil der sich im Umlauf befindlichen ECUs, basieren auf der AUTOSAR-Software-Implementierung. Die Prognosen für den Standard stehen jedoch sehr gut: Im Jahre 2009, wurden ca. 80 Prozent der weltweit produzierten Automobile von AUTOSAR Mitgliedern gefertigt und man schätzt die Anzahl der AUTOSAR-konformen ECUs auf ca. 300 Millionen im Jahre 2016[58].

Um die Vorstellung der AUTOSAR-Partnerschaft abzuschließen, ist es auf jeden Fall noch erwähnenswert, dass AUTOSAR sich in eine Reihe von bestehenden Standards einordnet, die sich gegenseitig idealerweise zum Großteil ergänzen[59]. So seien an dieser Stelle vor allem Automotive SPICE (Automotive Special Interest Group)[60], JasPar und HIS (Herstellerinitiative Software)[61] erwähnt.

---

[56] Vgl. [B4]
[57] [A10]
[58] Vgl. [B5]
[59] Vgl [A8]
[60] [B7]
[61] [B9]

Es soll nicht weiter auf deren Details sowie die zahlreichen anderen Standards, wie sie zum Beispiel bei den BUS-Systemen vorhanden sind, eingegangen werden.

3.2 Motive und Ziele

Um der Absicht von AUTOSAR näher zu kommen, ohne auf Details in der Umsetzung vorzugreifen, ist wohl ein Zitat von Olaf Kindel und Mario Friedrich erwähnenswert: *„AUTOSAR möchte einen Paradigmenwechsel in der automotiven Softwareentwicklung herbeiführen: weg von einem steuergerätezentriertem Ansatz und hin zu einem funktionsbasierten Ansatz"*[62].

AUTOSAR entspringt nicht nur aus generell bewährten Prinzipien der Softwaretechnik, sondern vielmehr auch aus Prinzipien der Embedded Software – Software für Eingebettete Systeme – für das KFZ. Zu seinem Verständnis, bedarf es der Betrachtung der Gesamtpalette an Fahrzeugelektronik mit ihrer aktuellen Entwicklung und vor allem ihrer Entwicklung in der Zukunft (Entwicklung im Sinne von Schaffungsprozess), in der die Modelbasierte Entwicklung unabdingbar ist.

Wie es der Name verrät schreibt der Standard „AUTomotive Open System ARchitecture" eine Architektur vor. Es ist hierbei von großer Bedeutung, den gesamten Arbeitsprozess, der in Bezug zu dieser Architektur steht, zu betrachten, denn die Architektur der Software steht in permanenter Wechselwirkung zu den geltenden Anforderungen, sowohl den funktionalen als den nicht-funktionalen. Der Schaffungsprozess Verteilter Systeme in einem Entwicklungsprojekt findet oft in mehreren Entwicklungsteams statt. Es besteht eine starke Aufgabenteilung und Kommunikation zwischen OEMs und Zulieferern. Zu betonen ist die bereits genannte zentrale Rolle der Software in einem Gesamtsystem aus Elektronik, Mechanik und Hydraulik. AUTOSAR regt durch ein vorgefertigtes Architekturkonzept und den zugehörigen Konzepten für Arbeitsprozesse eine Verbesserung der Embedded Software Entwicklung unter Einbeziehung all dieser Bedingungen an.

Im Bereich der Software-Architektur spielen die Prinzipien der Abstraktion und der System-Partitionierung sowohl in Schichten als auch Komponenten eine dominante Rolle. Durch diese Prinzipien werden implizit die Grundlagen geschaffen, um mit der Komplexität, dem hohen Vernetzungsgrad, der Größe und kurzen Entwicklungszeit der heutigen Embedded Software Projekte umzugehen. Die Kapitel 2 und 3 des Werks [A8] bieten zu diesen Themen sehr aufschlussreiche Informationen.

Der globale Gedanke der Verbrauchs-und Emissionssenkung setzt auch bei Steuergeräten und der Software, die sie verwaltet, an. Der Verbrauch der Steuergeräte im KFZ wird mit durchschnittlich 5 Prozent des gesamten Energieverbrauchs eines Fahrzeugs[63] veranschlagt. AUTOSAR hat sich mit „Concepts for Efficient Energy Management" auch Veränderungen in diesem Bereich zum Ziel gesetzt. So werden Konzepte wie das *Partial Networking*, bei dem ECUs, die nicht an Kommunikationsprozessen beteiligt sind, in Ruhephasen versetzt werden, von AUTOSAR unterstützt[64].

Um den kompletten Gedankengang nochmal zusammenzufassen, kann an dieser Stelle eine Aussage des Konsortiums angeführt werden: *„The AUTOSAR development partnership is focused on managing the growing complexity in the development of automotive electric/electronic (E/E) architecture, with the aim to improve development efficiency – without making compromises on quality. AUTOSAR paves the way for innovative electronic systems that further improve performance, safety and environmental friendliness"*[65].

---

[62] [A8], S.1, Absatz 5
[63] Vgl. [A11]
[64] Vgl. [B10]
[65] [B3], S.2, Absatz 3

3.3 Der Standard AUTOSAR

Dieser Teil der Arbeit soll der Einführung in den Standard, den AUTOSAR definiert, dienen. Grundlage für die Informationen zum Standard sollten in erster Linie die Dokumente der Website (http://www.autosar.org/) sein. Zum Einstieg eignen sich besonders die Dokumente, die unter „Media" → „Basic Information" und „Events & Publications" → „Publications" zugänglich sind. Der Standard selbst ist über die Spezifikationen der verschiedenen Versionen 2.0 bis 4.0 unter „Specifications" in vollem Umfang für jedermann zum Download verfügbar. Um die Informationsflut zu überschauen, gilt es die zentralen Dokumente, die ohne Hervorhebung in der jeweiligen Version des Standards enthalten sind, aufzusuchen. Dies kann je nach Arbeitsschwerpunkt sehr unterschiedlich sein, gewisse Dokumente sind jedoch im Umgang mit AUTOSAR unvermeidbar. So eignet es sich im Rahmen der Version 3.2 besonders, eine Herangehendweise, wie sie auf den Seiten 68-71 im Buch „Softwareentwicklung mit AUTOSAR", [A8], nahgelegt wird, zu befolgen. Von besonderer Bedeutung sind demnach:

- AUTOSAR_Methodology.pdf
- AUTOSAR_SWS_VFB.pdf
- AUTOSAR_LayeredSoftwareArchitecture.pdf

Ebenfalls zu empfehlen sind:

- AUTOSAR_SWS_RTE.pdf
- AUTOSAR_SoftwareComponentTemplate.pdf
- AUTOSAR_TechnicalOverview.pdf

Abbildung 11 zeigt die drei großen Themenbereiche des Standards AUTOSAR: eine Architektur der ECU-Software, „Architecture", eine Methodik in der Vorgehensweise bei der Entwicklung „Methodology" und die Festlegung von Schnittstellen von typischen Automotive-Software Teilen „Application Interfaces". AUTOSAR schafft damit die Richtlinien um weitestgehend den gesamten Bereich der Software-Entwicklung im Fahrzeug abzudecken. So sind die Begriffe derart weitgreifend, dass man mit AUOSAR ein eigens standardisiertes Echtzeitbetriebssystem, das AUTOSAR-OS[66], in Verbindung bringt.

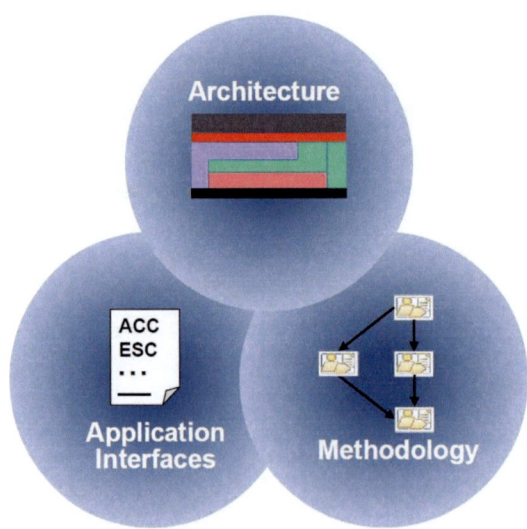

Abbildung 11: Themenbereiche von AUTOSAR

---

[66] [A3], S.59, ff.

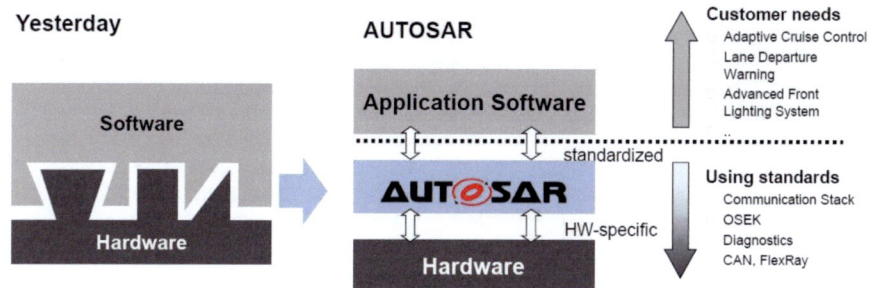

Abbildung 12: Architektonischer Wechsel von AUTOSAR

Um näher auf die drei Bereiche einzugehen, sollen diese im Folgenden vorgestellt werden:

- Der architektonische Wechsel, den AUTOSAR in der Automotive-Branche herbeiführen will, wird in **Abbildung 12** angedeutet. Grundgedanke ist es also die Anwendungs-Software, die die eigentliche Funktionalität bestimmt, von der verwendeten Hardware unabhängig zu machen. Dieser Teil der Software, der bereits im Unterkapitel „2.1 Software im KFZ-Steuergerät" mit dem Begriff Applikationssoftware angesprochen wurde, ist der Kern der Innovation im Automobil. Der zweite Teil der Software, der als Plattformsoftware bezeichnet wurde, befindet sich unter der gestrichelten Linie im Bild. Er ist das Verbindungsglied der Anwendungs-Software zur Hardware. Sie wird im Allgemeinen als BSW (Basis-Software) bezeichnet und ist Kernstück der Architektur-Überlegungen des AUTOSAR Standards. Dieser Hauptgedanke der konsequenten Trennung der Software in Applikationssoftware und Basis-Software ist der Weg von AUTOSAR zu einer gewissen Unabhängigkeit der Software von der Hardware, die ihre Widerverwendbarkeit sowohl für den OEM als auch den Zulieferer steigert und Qualität, Effizienz und Sicherheit bei ihrer Entwicklung in den Vordergrund rücken soll. Es ist an dieser Stelle zu sagen, dass AUTOSAR ein elementares Bindeglied zwischen Applikations-Software und Basis-Software vorsieht, welches als *Middleware* fungiert: die RTE (Runtime Environment)[67].
Der Grundansatz wirkt damit vielleicht recht einfach, weißt jedoch einen enormen Umfang auf. Es reicht sich die Vielfalt an Funktionalitäten einerseits und die unterschiedlichen Ausprägungen an verwendeten Steuergeräten andererseits bewusst zu machen und den Entwicklungsprozess in seiner Gänze zu betrachten, um nachzuvollziehen, wie weitgreifend eine solche Überlegung ist.
- Die AUTOSAR „Methodology"[68] beschreibt die möglichen Arbeitsabläufe in der Entwicklung, von der Systemkonfiguration bis zur abschließenden Generierung einer ausführbaren Datei für ein Steuergerät. Der Entwicklungsprozess als Ganzes wird von der Methodik erfasst, von der Festlegung der gewünschten Funktionalitäten beim Systementwurf des KFZ bis zur Konfiguration der jeweiligen Steuergeräte. In einer Art Produkt-Kette werden aus den Anforderungen an das System, Applikationssoftware, RTE und die BSW Module geschaffen. In verschiedenen Aktivitäten werden mit speziellen Autosar-tools die Produkte realisiert. Für den Austausch der Produkte unter den verschiedenen Aktivitäten mit spezialisierten Werkzeugen wird ein umfassendes XML (Extensible Markup Language)-Format genutzt.
Die Methodik sieht den Austausch und die Integration von Software zwischen beteiligten Entwicklungs-Teams und Firmen vor und unterstützt diese Prozesse[69], weist aber keine Verantwortlichkeiten und Rollen zu[70].

---

[67] Es soll hier „die RTE" als Bezeichnung für und in Anlehnung an „die Laufzeitumgebung" genutzt werden.
[68] Für den gesamten Absatz: Vgl. [A18], S.8/9, S.18-22
[69] Vgl. [A8], S.49, Absatz 3
[70] Vgl. [B16], S.5, Absatz 3

Im Umgang mit der Methodology ist eine Herangehensweise mit verschiedenen Sichtweisen von großem Vorteil für das Verständnis und das Vorgehen[71]: Diese drei Sichtweisen spiegeln auch drei in der Entwicklung abgrenzbare Bereiche wieder: Es handelt sich um eine Unterscheidung in System, ECU und Software-Komponente (SWC)[72].

Die Begriffe „Aktivitäten" und „Produkte" bezeichnen die zentralen Elemente der Methodology, die größtenteils auf graphischen Notationen mit Hilfe des SPEMs (Software Process Engineering Metamodel) beruht[73]. Von besonderer Bedeutung sind die unter dem Begriff „Guidance" zusammengefassten Werkzeuge[74]: AUTOSAR sieht zur Unterstützung bei verschiedenen Aktivitäten Werkzeuge vor, die der AUTOSAR-konformen Umsetzung dienen sollen. Es hat sich auf diesem Wege mittlerweile ein eigener Markt für AUTOSAR-Tools etabliert.

- Das Thema „Anwendungsschnittstellen" lässt sich schwerer in seinen Grundzügen charakterisieren und wird erst bei einem tieferen Einstieg in die Materie im Detail relevant. Die Architektur von AUTOSAR basiert auf modularen Komponenten, deren Kommunikation untereinander über definierte Schnittstellen abläuft[75]. Die Unterscheidung in AUTOSAR Interfaces, Standardized AUTOSAR Interfaces und Standardized Interfaces soll der Vollständigkeit halber genannt werden, wird hier aber nicht näher erläutert.

Nachdem nun die Hauptgebiete des Standards genannt wurden, soll in den folgenden Unterpunkten näher auf diese Bereiche eingegangen werden. In der Regel werden in Werken zum bearbeiteten Thema und besonders in Workshops oder Tutorien zuallererst die architektonischen Gesichtspunkte genannt. Dies liegt nahe, da die Architektur wie bereits gesagt Kernstück des Standards ist. Es ist jedoch ebenfalls sinnvoll die Methodik, die AUTOSAR anführt, anfangs zu erklären, da die Entwicklungsabläufe, die sie begleiten, erst die Schaffung der Software nach AUTOSAR erlauben und den Leitfaden für den AUTOSAR-Entwickler bilden.

3.3.1 Die AUTOSAR Methodology

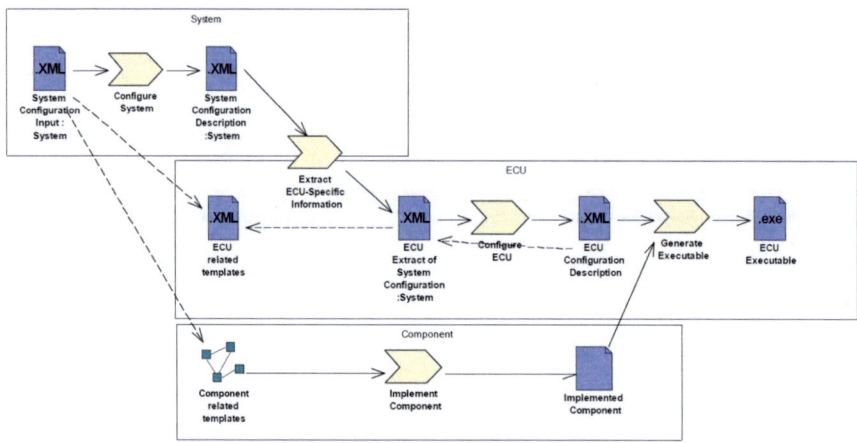

Abbildung 13: AUTOSAR Methodology und zugehörige Sichten

Die in diesem Abschnitt genannten Informationen stammen in erster Linie aus der Spezifikation [B16]. Auch die Spezifikationen [B17] und [B18] dienen als Orientierung.

---

[71] Vgl. [B16], S.76
[72] Vgl. [B17], S.8
[73] Vgl. [B16], S.6/7
[74] Vgl. [B16], S.7
[75] Vgl. [A18], S.10/11

Die vermeintlich vollständigste Übersicht aus den Spezifikationen zur AUTOSAR-Methodik bietet die **Abbildung 13**. Sie verbildlicht nicht nur die groben Zusammenhänge der Aufgaben in der Software-Entwicklung für vernetzte KFZ-Steuergeräte mit AUTOSAR, sondern hebt zugleich drei abgrenzbare Bereiche hervor, die miteinander verzahnt sind: Die Systemkonfiguration, mit „System" in der Abbildung gekennzeichnet, die Konfiguration der Steuergeräte, mit „ECU" in der Abbildung. gekennzeichnet und die Implementierung der verwendeten **SWCs** (**Software Component**), mit „Component" in der Abbildung gekennzeichnet. AUTOSAR besitzt eine eigene Fachterminologie; die wichtigsten Begriffe dieser Terminologie sollen deshalb im Rahmen dieser Arbeit wie im vorangehenden Satz durch Hervorhebung kenntlich gemacht werden.

Der letzte der drei aufgezählten Bereiche, der sich auf die SWC-Implementierung bezieht, fehlt oftmals in der Übersicht zur Methodik. Dies liegt daran, dass AUTOSAR keine Vorschriften bezüglich der Implementierung der Komponenten macht, nichts destotrotz sollte er als Kernelement erwähnt werden. Er ist ein Arbeitsschritt der mehr oder weniger parallel und unabhängig vom Rest der Methodik durchgeführt werden kann. Selbstverständlich benötigt er bestimmte Ausgangsdaten über das System wie zum Beispiel die sogenannte *Component Internal Behaviour Description*. Genauso benötigt man zur Vollendung eines Workflows nach der AUTOSAR-Methodik das aus diesem Bereiche anfallende *Product*. Eine ausführbare Datei für eine ECU ist schließlich nur mit ihrem Applikationsteil vollständig. Der Bereich *Implement Component* sollte daher keineswegs aus der Methodik-Übersicht ausgelassen werden.

Neben *Activities*, als gelbe Pfeile dargestellt, und *Products*, mit blauen Kästchen symbolisiert, fallen auch gestrichelte Pfeile, die sogenannten *Dependencies*, die Abhängigkeiten zwischen Arbeitsprodukten im Meta-Modell kennzeichnen, ins Auge. Der Begriff der Iteration ist von großer Bedeutung in der Methodology: Oftmals ist ein einziger Durchgang für eine bestimmte Aufgabe nicht genügend, da viele der Arbeitsprodukte in starker Wechselwirkung stehen und aneinander adaptiert werden müssen. Das Dateiformat XML soll den Informationsaustausch zwischen den verschiedenen Activities vereinfachen. Die Verwendung sogenannter *Templates* dient zur Beschreibung von System-Bestandteilen: Durch Ausfüllen der Templates mit den benötigten Informationen, wird ebenfalls ein Grundrahmen für den Workflow geschaffen. Man muss sich der Tatsache bewusst sein, dass die gezeigte Graphik nur eine Übersicht der Methodik darstellt: Schon bei einem genaueren Blick in die Spezifikation AUTOSAR_Methodology.pdf, wird deutlich, dass die einzelnen Schritte sehr komplex sind und manche Arbeitsschritte in der Übersicht unterschlagen werden

Eine übergeordnete Rolle kommt der System-Entwicklung, in der Methodik mit *Configure System* bezeichnet, zu, da sie die Rahmenbedingungen für die anderen Arbeitsbereiche schafft. In dieser Tätigkeit liegt die eigentliche Ingenieursaufgabe, da die System-Architektur entworfen wird. Die **Abbildung 14** verdeutlicht die Grundzüge dieses Vorgangs. Er ist von grundlegender Bedeutung und sollte daher in seinen Grundzügen erklärt werden: Die gewünschte Software-Funktionalität wird in einem Netz aus einzelnen SWCs, die durch graue Kästchen in der Abbildung verkörpert werden, gebildet. Ihre Vernetzung wird entwicklungsseitig über den **VBF** (**Virtual Functional Bus**) vorgenommen, der in diesem Stadium sämtliche Kommunikationsmechanismen zwischen den einzelnen SWCs und BSW-Teilen virtuell vereint. Der Prozess der System-Konfiguration erfolgt auf Basis der folgenden Bestandteile:

- Die Gesamtheit der vernetzten SWCs mit definierten SWC-Schnittstellen. Es soll hier noch keine Abhängigkeit von der Art der Implementierung der einzelnen SWCs bestehen. In der Methodology wird dieser Bestandteil mit SWC-Descriptions bezeichnet. Auf der Abbildung umfasst er den VFB mit den angebundenen SWCs.
- Die Auswahl der benötigten ECUs, die nach Kriterien wie Prozessor, Speicher oder Ein-und Ausgänge geschieht. Dieser Teil wird in der Abbildung mit „ECU Descriptions" bezeichnet.
- Die System-Eigenschaften wie beispielsweise vorhandene BUS-Systeme und deren Vernetzung, die unter dem Begriff „System Description" in der Abbildung erfasst werden.

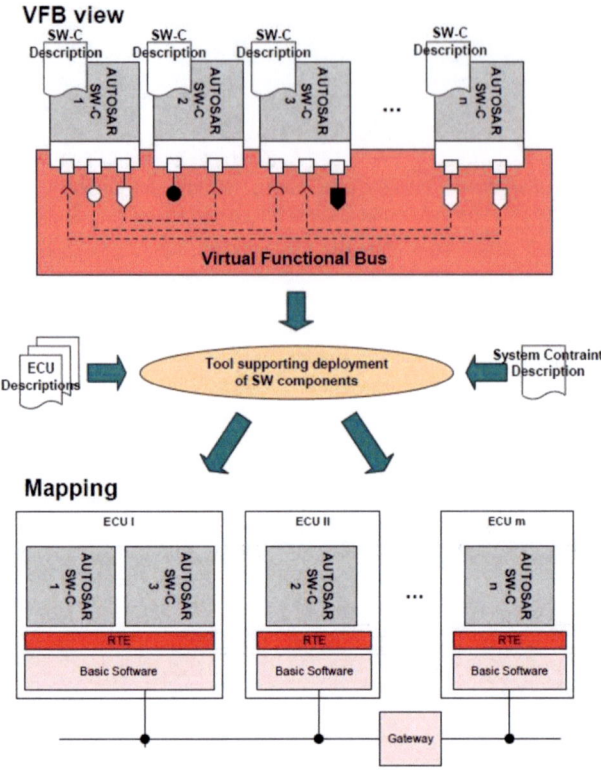

Abbildung 14: Methodology, „Configure System"

Zentrales Ergebnis dieses Vorgangs ist die Zuordnung der verschiedenen SWCs auf bestimmte ECUs, das sogenannte **Mapping**. Dieser Begriff taucht in AUTOSAR mehrmals auf, erlangt in diesem Zusammenhang aber seine Hauptbedeutung.

Einige der bereits hier genannten AUTOSAR-Strukturen wie die SWCs können noch nicht erläutert werden. Dies soll in den folgenden Unterkapiteln geschehen. Die frühzeitige Erwähnung mancher Begriffe soll helfen diese einordnen zu können. Es sei nochmal betont, dass diese Strukturen strengen Vorschriften genügen müssen, die im umfangreichen Spezifikationen-Werk von AUTOSAR zu finden sind.

Wenn man dem Verlauf der Methodology folgt, schließt sich an den vorherigen Schritt, dessen zentrales Produkt die *System Configuration Description* ist, ein Arbeitsschritt an, der den Übergang von der System-Ebene hin zur Steuergräte-spezifischen Sicht darstellt. Aus der System Configuration Description werden für alle ECUs jeweils ein *ECU Extract of System Configuration*, das notwendige Hardware-nahe Informationen für die ECU enthält, angelegt. Dieser Vorgang erfolgt ohne notwendige Konfigurationen quasi-automatisiert.

Die sich anschließende Arbeit rund um die Activity *Configure ECU* ist eine extrem komplexe Aufgabe. Sie benötigt wieder erheblichen Ingenieursaufwand und kann keinesfalls, wie der vorherige Schritt automatisiert ablaufen. Endprodukt soll die *ECU Configuration Description* sein, die eine vollständige Konfiguration der zum Einsatz kommenden Hardware-Ressourcen einer ECU beinhaltet. Neben dem Produkt des vorherigen Schrittes, benötigt man hier hauptsächlich die *Collection of Available SWC Implementations*, welche die verschiedenen SWC-Varianten darstellt und bereits in den aller ersten

Schritt der Methodology eingeflossen ist, und die *BSW Module Description*, in der die Parameter und die Struktur der Parameter zur Einstellung der Hardware enthalten sind. Auch wenn Details der AUTOSAR-Architektur noch nicht erläutert wurden, soll schon an dieser Stelle darauf hingewiesen werden, dass zentrales Ergebnis dieses Schrittes die Konfiguration der verschiedenen Module der BSW und der Mittelschicht zwischen BSW und Applikation, der bereits erwähnten **RTE**, welche die konkrete Implementierung des VFB darstellt, ist. Die **Abbildung 15** ist ein überarbeiteter Auszug der Spezifikation zur Methodology. Der Schritt „Configure ECU" wird hier absichtlich in Tiefe dargestellt, um einen detaillierten Einblick in die graphische Notation dieses Arbeitsschrittes zu gewähren. Hierbei wird die Komplexität der AUTOSAR Methodik und insbesondere dieser Activity deutlich.

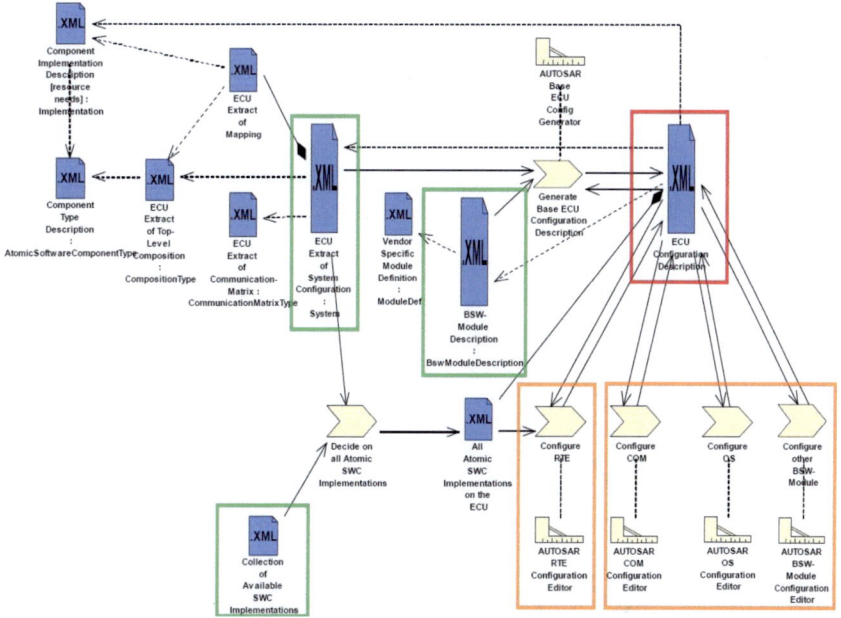

Abbildung 15: Methodology, Detailansicht auf „Configure ECU"

Bemerkung: Der Übersicht halber wurden in der Abbildung folgende Kennzeichnungen vorgenommen: Die drei aufgezählten Haupt-Edukte des Schrittes „Configure ECU" wurden grün eingerahmt, die erwähnten Konfigurationsschritte der BSW-Module und der RTE wurden jeweils orange eingerahmt, und das Hauptprodukt wurde in einem roten Rahmen dargestellt.

Als finaler Schritt, der im Gegensatz zu den anderen zeitlich eingeordnet werden kann, da er die Software mit der Hardware vereint und somit eine finale Position einnimmt, erfolgt die Generierung einer ausführbaren Datei für jedes im System enthaltene Steuergerät. Dies soll keines falls bedeuten, dass er nur einmal pro ECU erfolgen kann, schließlich können durch Funktionstest wie das Hardware-Debugging Rückschlüsse auf Konfigurationen, die vorher erfolgt sind, gezogen werden. Dieser Schritt wird als *Generate Executable* bezeichnet. Für die verschiedenen BSW Module wie OS, oder COM (AUTOSAR-Communication) werden mit eigenständigen *Generators* C-Dateien erstellt, die anschließend bei der Kompilierung zu *Object-Files* mitverwendet werden. Das Produkt des grundsätzlich unabhängigen Arbeitsschrittes der SWC-Implementierung, welcher am Anfang dieses Kapitels erwähnt wurde, fließt schlussendlich an dieser Stelle in den Prozess ein: Die konkreten SWC-Implementierungen, die zur jeweiligen ECU gehören, werden ebenfalls als Objekt-Files eingebunden. In einer letzten Etappe werden die verschiedenen Files verlinkt und somit das Executable z.B. in Form einer S19- oder elf-Datei erstellt. Die hier genannten Abläufe des Kompilierens und Linkens wurden bereits im Unterkapitel „2.2 Software im KFZ-Steuergerät" erläutert. Man sollte betonen, dass es sich um mehr als ein einfaches Linken handelt: Der hoch automatisierte Prozess, der die verschiedenen Objekt-Files, welche unmittelbar einfließen, vereint, nimmt nämlich zusätzliche Informationen beispielsweise aus der „ECU Configuration Description" auf und ist somit in gewisser Weise Intelligenter als ein gewöhnliches Linken. Der informationstechnische Prozess des Linkens bleibt gleich, allerdings kann der Umfang, der zu verbindenden Dateien konfigurationsabhängig variieren. Die **Abbildung 16** veranschaulicht den Schritt, der die verschiedenen Objekt-Files unter Einbeziehung zusätzlicher Informationen aus XML-Files bindet: Das *ECU Executable* wird erstellt.

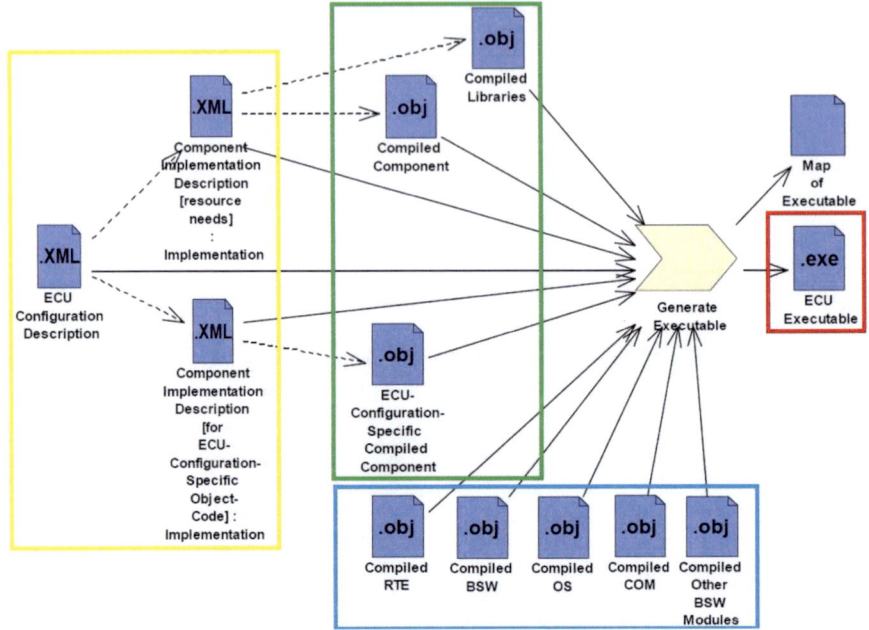

Abbildung 16: Methodology, Detailansicht auf „Generate Executable"

Bemerkung: Auch auf dieser Abbildung wurden zusätzliche Hervorhebungen eingefügt. So wurde das Hauptprodukt des Schrittes „Generate Executable", die ausführbare Datei, in rot eingerahmt. Die in einem vorherigen Schritt kompilierten Object-Files der BSW-Module wurden in blau und die der Software-Komponenten in grün eingerahmt. Kenntlich gemacht wurden auch die in den Link-Prozess miteinbezogenen XML-Dateien. Diese wurden in einem gelben Rahmen markiert. Es bleibt zu erwähnen, dass die XML-Dateien nicht tatsächlich mitgelinkt werden; sie fügen jedoch je nach Konfiguration der BSW zusätzliche Objekt-Dateien zu dem autarken Link-Prozess hinzu.

3.3.2 Die AUTOSAR Architecture

Zuallererst soll der Begriff der Architektur nochmals aufgegriffen werden. In den Unterkapiteln „2.3 Software im KFZ-Steuergerät" und „2.4 Automotive Embedded Software Entwicklung" wurde der Begriff schon mehrfach thematisiert, es soll an dieser Stelle jedoch noch eine Klarstellung erfolgen. Da Software nur schwer materiell zu erfassen ist, mag der Begriff der Architektur fragwürdig erscheinen, zumal die Architektur bei der Software nicht wie bei materiellen Produkten direkt am Endprodukt sichtbar wird. Für Software ist der Begriff der Architektur vor allem für die Entwicklung relevant. Die Architektur der Software ist der grundlegende Aspekt und der erste Schritt bei der Entwicklung in Richtung Erfüllung der Anforderungen. Die Entscheidungen hinsichtlich der Architektur einer Software tragen maßgeblich zu deren Qualität bei. Das Erstellen einer geeigneten Software-Architektur richtet sich nach zahlreichen Prinzipien, von denen hier exemplarisch die *Lose*

Kopplung und der *Starke Zusammenhalt* erwähnt werden sollen[76] Architektonische Überlegungen spielen sich noch oberhalb der eigentlichen Code-Implementierung ab, spiegeln sich jedoch z.B. in der Struktur der C-Projekte wieder. Auch wenn die Architektur im Endprodukt, dem Executable, wie bereits erwähnt, nicht primär sichtbar ist, so spielt sie nichtdestotrotz eine entscheidende Rolle für die Funktionsfähigkeit des in ihm enthaltenen Codes, da die richtige Architektur der erste Garant für Qualität ist.

Die **Abbildung 12** am Anfang dieses Kapitels zeigt den Kerngedanken der Architektur von AUTOSAR bereits auf. Es wurde an dieser Stelle erklärt, dass eine Grundüberlegung von AUTOSAR die Trennung von Anwendungssoftware und BSW ist. Vergleichbar mit dem Vorgehen im ISO/OSI-Schichtenmodell wird in AUTOSAR eine horizontale Schichtung der Software vorgenommen[77]. Die in der Software-Entwicklung oft angewandten Schichten-Modelle schaffen unterschiedliche Abstraktionsebenen, für die bestimmte Kommunikations-Vorschriften gelten. Abstraktion ist ein Grundsatz für die AUTOSAR-Architektur.

In AUTOSAR vollzieht die Schichtung hauptsächlich eine Gliederung von Hardware-naher Software (in den AUTOSAR-Darstellungen unten) bis hin zu immer Hardware-unabhängigerer Software (in den AUTOSAR-Darstellungen oben). Die AUTOSAR BSW unterliegt zudem einer vertikalen Gliederung, welche die Hardware-nahe Software je nach Zuständigkeit für einen bestimmten Hardware Bereich wie Speicherverwaltung oder verschiedenste BUS-Kommunikations-Mechanismen einteilt.

Die architektonische Gliederung von AUTOSAR kann sowohl auf System-Ebene als auch auf Steuergeräte-Ebene betrachtet werden. Die erste Perspektive dient in der Regel der Betrachtung der Applikationssoftware vor dem Mapping der SWCs auf konkrete Steuergeräte. In diesen Betrachtungen wird der VFB erwähnt, der für die Kommunikation der SWCs im Entwicklungsstadium verantwortlich ist und so eine Hardware-unabhängige Entwicklung der SWCs ermöglichen soll[78]. Viel weitreichender ist der Begriff der Architektur auf Steuergeräte-Ebene: Die entsprechenden Schritte der Methodik, „Configure ECU" und „Generate Executable", verlangen detailliertes Verständnis für das Architektur-Konzept, das stark auf die BSW fokussiert ist. Die gezeigten Abbildungen zum Architektur-Entwurf beziehen sich in der Regel auf die ECU.

Für eine erste Betrachtung eignet sich die horizontale Schichtung der Software nach AUTOSAR. Die **Abbildung 17** soll hierfür als Grundlage dienen: Die unterste Gruppe mit der Inschrift „Microcontroller" ist kein Teil der Software, er soll lediglich die Hardware und ihren zentralen Baustein, den µC, symbolisieren. Die Hardware-Nähe der untersten Software-Schichten wird auf diese Weise hervorgehoben. Die Hauptunterteilung in Basis-Software, Middleware und Applikationssoftware ist sofort ersichtlich und im Folgenden wird diese Schichtung mit Bezugnahme auf das Dokument [B19] von unten nach oben näher erläutert:

---

[76] Vgl. [A8], S.26-34
[77] Vgl. [A1], S.165, Absatz 3 und S.87, Bild 2-49
[78] Vgl. [B18], S.13, Absatz 6

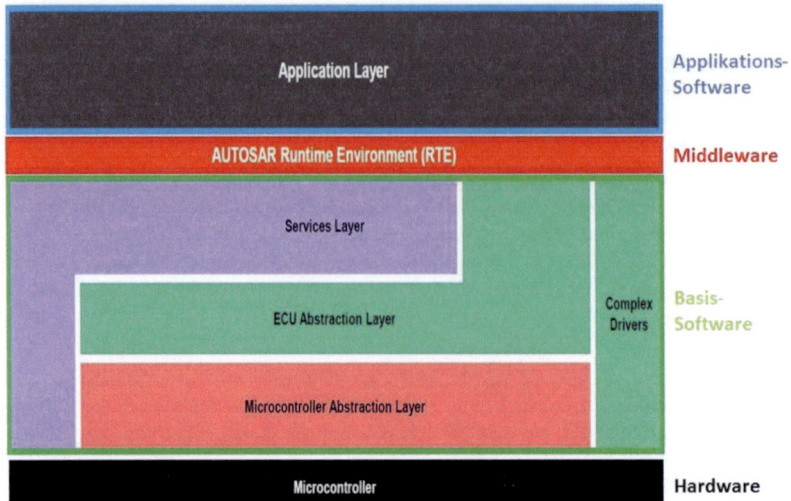

Abbildung 17: AUTOSAR Schichten-Architektur

- Die **AUTOSAR BSW**:
  - Der **Micro-Controller Abstraction Layer** (**MCAL**): Er dient zur Abstraktion der Hardware-Einheiten des µC und soll höhere Schichten unabhängig vom verwendeten µC machen. Diese Schicht enthält beispielsweise µC-spezifische Treiber für Zugriffe auf Speicher, Inputs and Outputs (I/Os). Fehlende Hardware-Features werden durch entsprechende Software Module egalisiert. Beispiel für einen Software-Bestandteil des MCAL ist der ADC (Analog-Digital-Converter)[79]-Driver
  - Der **ECU Abstraction Layer**: Dieser steht über dem MCAL und abstrahiert von allen Komponenten, die sich in dem Steuergerät befinden. Diese Schicht bietet einheitlichen Zugriff auf Bestandteile des Steuergerätes, unabhängig davon, ob sie Bestandteil des µC selbst oder seiner Peripherie sind. Sie enthält also z.B. auch Treiber für µC-externe Einheiten. Der ECU Abstraktion Layer liefert demnach Programmier-Schnittstellen, auch API (Application Programming Interface) genannt für µC-interne und -externe Peripherie, und macht so höhere Schichten von der Steuergeräte-Hardware unabhängig. Ein Beispiel-Modul dieser Schicht ist der External EEPROM Driver. Zur Verdeutlichung der Abstraktion, die durch die Schichtung vollzogen wird, kann man hier exemplarisch vermerken, dass die Nummerierung eines digitalen Pins, die in jedem µC unterschiedlich ist und im MCAL Anwendung findet, bereits im ECU Abstraction Layer µC-unabhängig ist. Die Durchdringung der Schicht ECU Abstraction Layer in Richtung RTE rührt von der Tatsache her, dass auch direkte Kommunikationsbeziehungen zur RTE bestehen ohne auf die nächsthöhere Schicht zurückzugreifen: Ein Beispiel ist das Modul IoHwAb (I/O Hardware Abstraction).
  - Der **Services Layer**: Dieser stellt die oberste Schicht der BSW dar und ist schon weitestgehend von der Hardware unabhängig. Er stellt das OS, das Kernelement für zeitliche Vorgänge, und diverse Hintergrunddienste, wie Netzwerkdienste, Speicherverwaltung wie z.B. das NVRAM (Non-Volatile-RAM) oder Diagnose Services für die externe Diagnose in der Werkstatt zur Verfügung. Hauptaufgabe dieser Schicht ist es somit Basisdienste für Anwendungssoftware und Basissoftware zu bieten. In der Abbildung erstreckt sich der Services Layer über die gesamte

---

[79] Gleichbedeutend mit ADU

Basissoftware bis hinunter auf Hardware-Ebene, da er seine Dienste auf allen Ebenen bereitstellt und mit dem OS eine Vormachtstellung über den Rest der Software besitzt. Das OS verfügt. z.b. mittels Hardware-Counter über direkte Verknüpfungen zur Hardware; das OS arbeitet auf Basis der abstrakten OS-Ticks.

- o Die **Complex Drivers**: Dieser Block stellt eine Ausnahme in Bezug auf die Schichtung dar. Er steht für Software zur Verfügung, die nicht nach dem Schichtenmodell aufgebaut werden kann oder soll. In der Regel kontrollieren Complex Drivers über direkten Zugriff von der RTE auf den µC spezielle Sensoren und Aktuatoren, die entweder besonderen Timing-Bedingungen unterliegen oder Ressourcen-kritisch sind: Dazu zählen beispielsweise Aufgaben des Motormanagements wie die Einspritzung. In ihnen kann zudem Firmware, deren AUTOSAR-Migration noch nicht vollendet wurde, implementiert werden[80]. Der Aufbau der in den Complex Drivers enthaltenen Software fällt aus der Standardisierung heraus. Auf diese Weise bleibt allen Herstellern die Möglichkeit erhalten besonders wettbewerbs-relevante Basissoftware unterzubringen[81]. Schließlich soll noch der Zweck genannt werden, über Complex Drivers Treiber zu implementieren, die nicht im Standard erfasst sind. Der Artikel [A19] bietet zu diesem speziellen Software-Block weitere Informationen.

Hinweis: Der Grund für die gleiche farbliche Kennzeichnung in Grün der Complex Drivers und des ECU Abstraction Layer liegt darin begründet, dass beide zur Kommunikation zwischen Hardware-nahen Komponenten und der RTE befähigt sind.

- Das **Runtime Environment (RTE)**[82]: Es stellt die Laufzeitumgebung dar und hat im AUTOSAR-Konzept eine besonders wichtige Bedeutung, da sie die Komponenten des Application Layer einer ECU sowohl untereinander als auch mit der Basissoftware verbindet. Sie fungiert wie gesagt als Middleware für die Kommunikationsdienste Die RTE verkörpert zusammen mit BSW-Teilen wie dem OS oder dem AUTOSAR-COM-Modul die Implementierung des VFB für eine spezielle ECU[83]. Die RTE kann Teilaufgaben, die im Entwicklungsprozess vom VFB übernommen wurden, an Schichten der BSW delegieren. Zusammen mit dem OS, ist die RTE z.B. für die zeitliche Aktivierung, das sogenannte *Triggern*, der SWCs verantwortlich. Im Zusammenhang mit dem Triggern muss der Begriff des *Event* erwähnt werden: Verschiedene Kategorien von Events ermöglichen unterschiedliche Aktivierungen. Über das Modul AUTOSAR COM kann die RTE z.B. die Kommunikation von SWCs zwischen zwei verschiedenen Steuergeräten ermöglichen, indem Signale über BUS-Systeme geroutet werden. Das zeitliche Verhalten dieses Kommunikationsschemas unterscheidet sich von der Kommunikation zwischen SWCs auf der gleichen ECU.

- Der **Application Layer**[84]: Für die nachfolgenden Erklärungen, kann die **Abbildung 18** betrachtet werden. Diese wird abschließend noch erläutert. Diese Schicht, in der die eigentliche Funktionalität der Software enthalten ist, wurde auch schon im Unterkapitel „2.2 Software im KFZ-Steuergerät" als Gegenstück zu der Basissoftware, die auch Plattformsoftware genannt wird, vorgestellt. Sie ist für den Software-Teil vorgesehen, der die für eine Funktion zentrale Eigenschaft besitzt: Er setzt also die Funktion, die wie im ersten Kapitel erläutert als „*gewollten Ursache-Wirkungs-Zusammenhang*" verstanden werden kann, um. Die Kerne der im Fahrzeug vertretenen Funktionalitäten wie z.B. ESP (Elektronisches Stabilitätsprogramm), das bereits erwähnte ACC oder die Reichweitenanzeige liegen im Application Layer. Die Basissoftware und die RTE unterstützen lediglich die Applikationssoftware, damit diese ihre Funktion erfüllt.

---

[80] Vgl. [B20], S.5, Absatz 3
[81] Vgl. [B20], S.5, Absatz 3
[82] Es wurde vorwiegend Bezug auf [B21] genommen.
[83] Vgl. [B21], S.58/59
[84] Es wurde vorwiegend Bezug auf [B22] genommen.

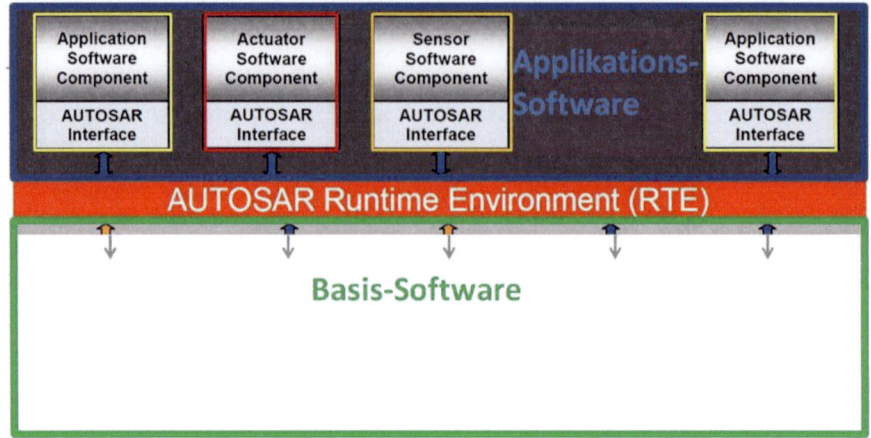

Abbildung 18: AUTOSAR Applikationssoftware

Architektonisch unterscheidet sich diese Software-Schicht vom Rest der AUTOSAR-Software: Bei ihr steht der Begriff der **Atomic-SWC**, meist einfach als **SWC** bezeichnet, im Vordergrund. Das Adjektiv „Atomic" soll verdeutlichen, dass eine SWC in AUTOSAR unteilbar ist, daher immer als Einheit auf einer ECU untergebracht wird. Auch wenn der Begriff SWC und die ihm untergeordneten Begriffe nicht ausschließlich auf die Applikationssoftware beschränkt sind, haben sie für die an der Entwicklung beteiligten Personen in diesem Bereich eine Schlüsselstellung. AUTOSAR macht hinsichtlich der Größe und Komplexität einer SWC keine Einschränkungen. In der Automotive-Branche werden zum Teil hochkomplexe Funktionalitäten in einer einzigen SWC gebündelt.

Der einer SWC untergeordnete Baustein ist die **Runnable Entity**, kurz als **Runnable** bezeichnet. Sie stellt in der AUTOSAR-Architektur die kleineste funktionale Code-Einheit dar. Diese Einheit liegt in einem zeitlichen Kontext begründet: der in Ihr enthaltene Code soll in der Anwendung zusammenhängend ausgeführt werden. In der Regel muss ein Runnable einer *Task* aus dem OS zugeordnet sein und über ein Event aus der RTE aktiviert werden. Die Bezeichnung „Task" ist in der Embedded Software ein wichtiger Begriff: Er soll hier vereinfacht als kleinste für einen Prozessor simultan ausführbare Einheit mit eigenem Datenraum aufgefasst werden[85].

Neben den typischen **Application SWCs** unterscheidet AUTOSAR noch in **Sensor SWCs** und **Actuator SWCs**. Diese beiden SWC-Typen sind ein besonderer Bestandteil der Software: Die Sensor-SWCs dienen der Auswertung von Sensor-Signalen, während die Actuator-SWCs der Ansteuerung von Aktuatoren, oft einfach Aktoren genannt, gewidmet sind. Die spezielle Stellung dieser beiden SWC-Typen entspringt unter anderem der Vielzahl der am Markt vorhandenen Sensoren und Aktuatoren. Die Sensor-Partitionierung, also die Aufteilung der Signal-Aufbereitung zwischen einem Sensor und dem Steuergerät, kann z.B. in unterschiedlichen Integrationsstufen realisiert werden[86]: Es ist zum Teil eine spezifische Aufbereitung der gelieferten Werte im Steuergerät notwendig. Eine eigene SWC, die solche Aufgaben übernimmt, eignet sich also, um von dem verwendeten Sensor und dessen Sensor-Signalen zu abstrahieren. Hauptcharakteristik der Sensor- und Actuator-SWC ist im Gegensatz zur Application SWC die Hardware-Nähe und somit eine gewisse Abhängigkeit von der Hardware[87].

---

[85] Vgl. [A3], S.35/36
[86] Vgl. [A17], S.21 ff.
[87] Vgl. [B19], S.38

Ohne Vertiefung, soll an dieser Stelle schon auf die Schnittstellen der SWCs eingegangen werden: Über spezifizierte **Ports** mit spezifizierten **Interfaces** können die SWCs mit der Umwelt Daten austauschen. Dies gilt sowohl für deren Kommunikation untereinander innerhalb einer ECU, als auch mit der BSW auf demselben Steuergerät – als direktes Medium dient hier wie bereits erwähnt die RTE – und für die Kommunikation von SWCs auf unterschiedlichen ECUs untereinander, wobei diese Kommunikation über die RTE und BSW der involvierten ECUs stattfindet.

Die **Abbildung 18** soll die Punkte zusammenfassen, die zum Application Layer ausgeführt wurden. Die drei Arten, Application-, Sensor-, und Actuator-SWC sind in ihr dargestellt. Jede SWC, unabhängig von ihrer Art, kann unterschiedlich viele Runnable Entities enthalten, die hier zur Übersichtlichkeit nicht dargestellt sind. Auch die zur Kommunikation dienenden Interfaces der SWCs des Application Layer, die unter die Kategorie AUTOSAR Interface fallen und die für die Kommunikationsprozesse verantwortliche RTE sind dargestellt. Die in dieser Abbildung nur unten angedeutete BSW soll nicht außer Betracht bleiben: Ihre verschiedenen Funktionen wurden mehrfach angesprochen.

Neben der gerade erläuterten horizontal abstrahierenden Schichtung, wird die AUTOSAR BSW gleichzeitig senkrecht in verschiedene Zuständigkeitsbereiche unterteilt: Die **Abbildung 19** veranschaulicht diese Trennung. Oft werden die auf diese Weise separierten Bereiche mit der aus dem Gebiet der Kommunikationsprotokolle üblichen Bezeichnung *Stack* bezeichnet. In der Abbildung sind sie mit den aus AUTOSAR üblichen Bezeichnungen aufgezeigt. Diese Gliederung ist nirgends direkt aus den Spezifikationen zu entnehmen; vielmehr verrät die Gliederung der Spezifikationen selbst, wie sie aus der Internet Quelle [B1] des Konsortiums zu entnehmen ist, die Namen der einzelnen Stacks. Die erstellte Abbildung soll in erster Linie als Orientierung dienen: Zusammen mit der nachfolgenden Abbildung kann man die einzelnen BSW-Module nun recht einfach einem Stack zuordnen und die zugehörige Spezifikation des Moduls in AUTOSAR, beispielsweise in [B1] ausmachen, um Details zu erfahren. Die verschiedenen Namen der Stacks sind stark selbsterklärend und sie werden daher hier nicht weiter erläutert. Bis auf wenigen Ausnahmen lässt sich, die in der Abbildung erfolgte Zuweisung mit der Gliederung in AUTOSAR vereinbaren. Sonderfälle stellen z.B. das Modul DCM (Diagnostic Communication Manager) dar, das in der Spezifikation unter Diagnostic Services zu finden ist – Es wird dem Communication Stack zugeordnet -; Auch das Modul SPI (Serial Peripheral Interface) Handler Driver, das in den Spezifikationen den Peripherals zugeordnet wird, erscheint in der *Abbildung 20* im Communication Stack.

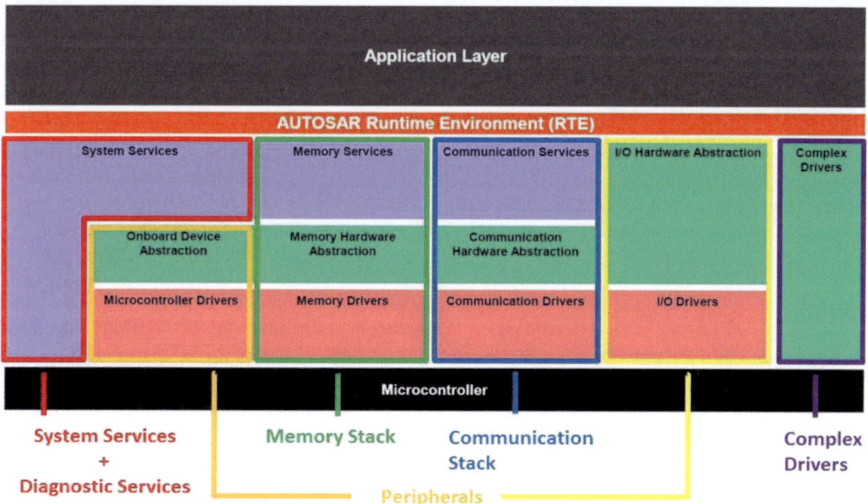

Abbildung 19: Vertikale Gliederung der AUTOSAR Schichten-Architektur

Die aus den vorherigen zwei Gliederungen gebildeten Einheiten können nochmals in sogenannte Module[88] unterteilt werden. Diese Gliederung soll der Vollständigkeit halber in der **Abbildung 20** gezeigt werden. Im MCAL wird eine zusätzliche vertikale Gliederung vorgenommen, während die Aufteilung im ECU Abstraction Layer und im Service Layer komplexer ist. Die in dieser Abbildung dargestellte Gliederung stellt zugleich, die höchst mögliche AUTOSAR-Kompatibilität der BSW-Realisierung mit dem Standard dar – AUTOSAR legt mehrerer sogenannter ICC (Implementation Conformance Classes) zur Umsetzung der BSW fest. Auf den S.130 bis 149 des Buchs [A8], erhält man einen sehr guten Überblick über die verschiedenen Modul-Gruppen und deren Funktion. Das Dokument [B19] ist die zentrale Spezifikation von AUTOSAR zum Architektur-Standard.

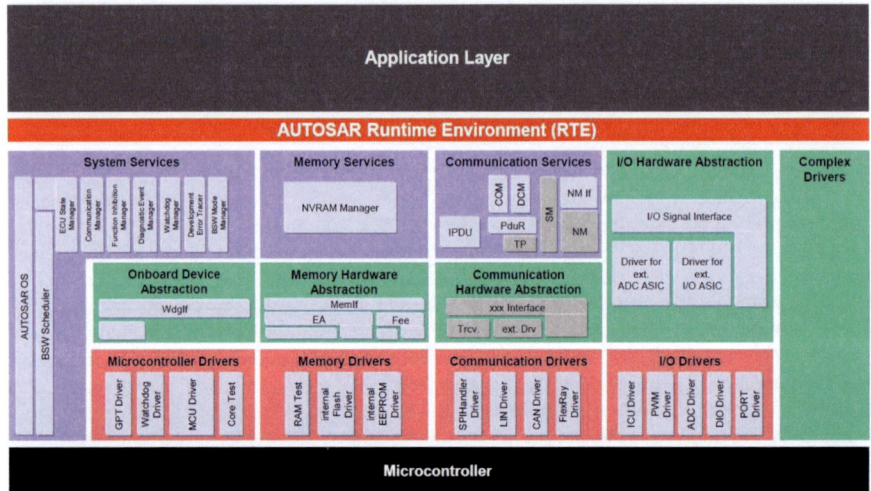

Abbildung 20: AUTOSAR Architektur nach ICC3

3.3.3 Die AUTOSAR Interfaces

Der AUTOSAR-Anwender kommt vor allem auf Applikationsebene mit diesem Bereich in Berührung. Die nach der Überschrift „Der Standard AUTOSAR" angesprochene Unterscheidung in AUTOSAR Interfaces, Standardized AUTOSAR Interfaces und Standardized Interfaces wird wie gesagt nicht weiter erläutert. Man kann sich auf den Seiten 11 und 39-54 des Dokuments [B19] und Seite 23 in [B17] nähere Informationen hierzu einholen. Der Begriff „Interfaces" schließt auch Vorschriften hinsichtlich der in der Architektur geltenden Kommunikationsbeziehungen ein.

Im Umgang mit der Applikationssoftware auf VFB-Ebene stehen Kenntnisse zu der Kategorie der AUTOSAR Interfaces im Vordergrund. Die anderen beiden Kategorien treten in der BSW auf, und der AUTOSAR-Nutzer wird erst bei vertieftem Umgang mit AUTOSAR mit deren Details konfrontiert. Demgegenüber sind Kenntnisse über den Aufbau der BSW für alle Anwender relevant, da diese bei der Arbeit nach der AUTOSAR-Methodology, z.B. beim Schritt „Configure ECU", fundamental sind.

Für die Gestaltung der Applikationssoftware – vorwiegend die Schritte „Configure System" und „Implement Component" der Methodology – sollen also in erster Linie die für AUTOSAR Interfaces relevanten Aspekte erläutert werden. Nichtsdestotrotz sind die im Anschluss gemachten Erklärungen auch für andere Interface-Arten gültig. So kann beispielsweise die Kommunikation über Standardized AUTOSAR Interfaces von einer SWC mit dem Modul ECU State Manager im Services Stack nach den gleichen Prinzipien ablaufen.

---

[88] [B19], S.81

Zunächst muss der Begriff des AUTOSAR Ports erklärt werden: Ports werden als Bezugspunkte, sogenannte „Interaction Points", zwischen SWCs definiert. Man unterscheidet grundsätzlich zwischen den Typen **PPort** (Provide-Port), die Elemente bereitstellen und **RPort** (Receive-Port), die Elemente empfangen. Erst in einem weiteren Schritt macht eine Unterscheidung in verschiedene Interfaces Sinn. Auf den Seiten 15-17 der Spezifikation [B17] wird hierauf tiefer eingegangen. Für die Kommunikation zwischen zwei SWCs, muss mindestens jeweils ein RPort mit einem PPort über einen sogenannten **Connector** verbunden werden. Die an einem gleichen Connector angeschlossenen Ports, werden durch das Interface, mit der Art der kommunizierten Elemente, näher spezifiziert.

In AUTOSAR werden dafür nach Typ des übertragbaren Elements folgende Interfaces unterschieden[89]:

- **Sender/Receiver** Interfaces: Diese dienen der Übertragung von Daten. In diesem Falle werden einbezogene PPorts als Sender-Ports und RPorts als Receiver-Ports bezeichnet. Die Kommunikation der beteiligten SWCs trägt demnach die Bezeichnung Sender/Receiver-Kommunikation.
- **Client/Server** Interfaces: Für die Übertragung von Operationen. Hier heißen einbezogene PPorts Server-Ports und RPorts werden als Client-Ports bezeichnet. Es ist die Rede von Client/Server-Kommunikation.

Es können jeweils Art und Anzahl der Daten oder Operationen näher spezifiziert werden[90].

- **Calibration** Interfaces: zur Übertragung statischer Parameter.

Die sich auf diese Weise ergebenden Kommunikationsverhältnisse unterscheiden sich noch nach Anzahl der Kommunikationsteilnehmer. Die Verhältnisse der Sender/Receiver- und Client/Server-Kommunikation gilt es hinsichtlich der sogenannten „Multiplicity" näher zu beschreiben. Die erläuterten Beziehungen nehmen immer Bezug auf einen Port einer SWC und einen oder mehrere Ports einer anderen SWC[91]:

- Sender/Receiver-Kommunikation: Bei dieser Art der Kommunikation können die Daten im einfachsten Falle von einem PPort zu einem RPort (1:1) übertragen werden. Des Weiteren ist es aber auch möglich, dass Daten von einem PPort an mehrere RPorts gehen (1:m) - diese Kommunikationsform wird allgemein üblich als Multicast bezeichnet – oder auch dass mehrere PPorts an einen RPort senden (n:1).
- Client/Server-Kommunikation: In diesem Fall kann nicht nur ein einziger RPort einen Dienst bei einem PPort anfordern (1:1), sondern auch mehrere RPorts können die gleichen Dienste bei einem PPort anfragen (n:1). Die (1:m)-Konstellation ist hier nicht erlaubt.

Welche Daten oder Operationen in welcher Kommunikationsform übertragen werden können und welche Übertragungsverhältnisse hinsichtlich der Anzahl der Sender- und Empfänger-SWC herrschen, muss beim Systementwurf berücksichtigt werden. Diese Überlegungen sind für die Struktur des Application Layer entscheidend und spielen daher schon beim Architektur-Entwurf eine große Rolle.

Um den Umfang der Ausführungen nicht zu sprengen, wird auf weitere Informationen, z.B. zu Events oder zu Details der Sender/Receiver- und Client/Server-Kommunikation verzichtet. Zusammenfassend soll die **Abbildung 21** eine Übersicht über die angesprochenen Kommunikationsmechanismen, Interfaces und Ports liefern. In ihr werden die AUTOSAR-eigenen Symbole für die Ports widergegeben. AUTOSAR unterscheidet zudem zwischen Ports, die auf Applikationsebene kommunizieren oder die Kommunikation zwischen der Applikationsebene und der BSW ermöglichen, und Ports, die AUTOSAR-Services aus der BSW mit einbeziehen[92]. Auch diese Unterscheidung wurde kenntlich gemacht.

---

[89] Vgl. [B17], S.13
[90] Vgl. [A8], S.93, Absatz 3
[91] Vgl. [B21]
[92] Die Begrifflichkeit AUTOSAR-Services wird im Unterkapitel „4.1.5 Workflow und Bezug zu AUTOSAR" nochmals angesprochen. Eine Klärung des Begriffs ist hier noch nicht möglich.

Art des Interface	Art der Übertragenen Elemente	Software-Bereich	Art des Port	
			PPort	RPort
Sender/Receiver	Daten	Application Layer, Application Layer/BSW	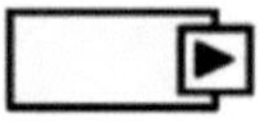	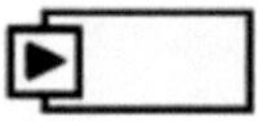
		Application Layer/AUTOSAR-Service		
Client/Server	Operationen	Application Layer, Application Layer/BSW	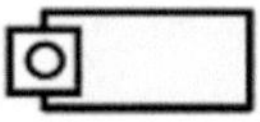	
		Application Layer/AUTOSAR-Service		
Calibration	Statische Parameter	Application Layer/AUTOSAR-Service		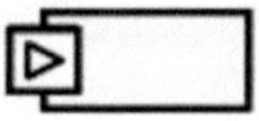

Abbildung 21: Übersicht von Kommunikationsmechanismen in AUTOSAR

Bemerkung: Die Abbildung gibt das übliche Symbol für jede gängige Art von Port in einer SWC, die vom größeren Rahmen dargestellt wird, wider. Die Ports sind in der Abbildung so an der SWC platziert, wie sie in der Regel gemäß des Signal-Flusses in der modelbasierten Entwicklung, von links nach rechts, dargestellt werden. Diese Übersicht zu den Ports und deren Symbolen lässt die im Dokument [B17] erwähnten „Non Volatile Data Interfaces" außer Betracht[93], da sie in der Regel nicht von Interesse sind. Der Inhalt der letzten Abbildung orientiert sich an der Tabelle 6.1 der Seite 92 im Buch [A8].

Abschließend soll zu diesem und dem vorherigen Unterkapitel zusammenfassend die **Abbildung 22** gezeigt werden[94]. In ihr soll exemplarisch eine Struktur auf Applikationsebene vorgestellt werden. Es sind drei SWCs zu sehen, von denen z.B. eine den Namen „SHC: SeatHeatingControl" trägt. Deutlich zu erkennen sind die verschiedenen Ports und Interfaces, die in AUTOSAR je nach Anwendungsfall genutzt werden können. Hinsichtlich der Multiplizität der Kommunikationsbeziehungen wird dort zwar kein Beispiel angeführt, es soll jedoch ein weiterer Punkt angesprochen werden. In AUTOSAR können SWCs zu bestimmten Zwecken gruppiert werden. Es kann sich um eine funktionale Gruppierung von SWCs für einen übergeordneten Zweck handeln, die Gruppierung kann aber auch zur Übersichtlichkeit erfolgen. Man spricht allgemein von **Compositions.** Es ist deutlich zu erkennen, dass die Composition im Beispiel eigene Ports nach außen bietet. In der Darstellung soll der gestrichelte Rahmen betonen, dass es sich um eine Composition handelt.

---

[93] Vgl. [B17], S.13, Tab. 3.1
[94] In dieser Abbildung wird die Darstellung gemäß des Signal-Flusses in der modelbasierten Entwicklung von links nach rechts nicht berücksichtigt.

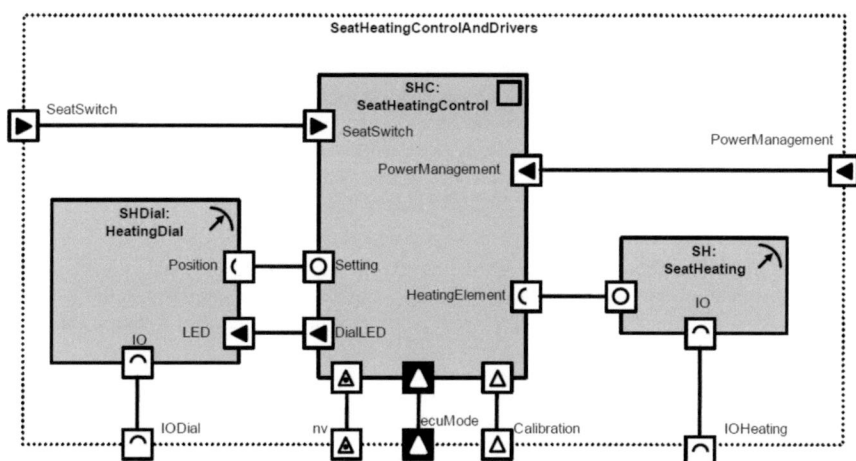

Abbildung 22: AUTOSAR Composition

3.4 Positive Aspekte von AUTOSAR

Die folgenden Unterkapitel sollen dazu dienen, eine möglichst allgemeine Einschätzung zum Standard AUTOSAR zur liefern. Ziel ist es, zu dem umfassenden Thema der Arbeit, aktuelle Meinungen und Informationen aus den verschiedensten Arbeitskreisen zusammenzutragen. Die eigenen Erfahrungen, die bei dieser Arbeit gesammelt wurden sind Bestandteil des Hauptteils und werden daher nicht hier angeführt. Nicht-destotrotz sind sie förderlich um das Thema zu erörtern.

Der Entwicklungsprozess

Schon vor zehn Jahren war der Ruf nach einem *„zwischen den OEMs und den Zulieferern durchgängig definiertem System-Engineering Prozess"* im Bereich der KFZ-Elektronik klar vernehmbar, wie es z.B. aus dem Artikel „Der Schlüssel zum Erfolg. Durchgängige Systems-Engineering-Prozesse – eine vordringliche Aufgabe" [A15] hervorgeht. So wurden schon zu diesem Zeitpunkt der rasante Anstieg der Komplexität bei den elektronischen Systemen und die wachsende Bedeutung der Software im Automobil deutlich. Steigende Qualitätsprobleme in der Branche wurden spürbar und die Anzahl der Rückrufe nahm zu. Als Ausweg und Verbesserungsmöglichkeit stand vor allem der System-Engineering-Prozess mit Fokus auf die Abläufe zwischen OEM und Zulieferern im Vordergrund[95]. AUTOSAR kann eindeutig als ein Rahmen betrachtet werden, der den System-Engineering Prozess mit Fokus auf die Software in seiner Gänze abdeckt. Es werden zwar keine Festlegungen hinsichtlich Verantwortlichkeiten oder zeitlichen Abläufen gemacht, aber AUTOSAR legt eine Orientierung für einen Prozess mit einer Modellbasierten Entwicklung fest, indem Austauschformate wie das ARXML (Autosar Extensible Markup Language)und Schnittstellen zwischen den Beteiligten festgelegt werden[96]. Der Artikel [A25] bietet eine Beschreibung eines exemplarischen „Round-Trip Engineering"-Prozesses, indem verschiedene Etappen der Software-Erstellung und die verwendeten Tools vorgestellt werden.

Auch der Artikel [B24] zeigt, dass AUTOSAR als *„Ganzheitlicher E/E-Ansatz für die kohärente Entwicklung elektrischer Fahrzeugarchitekturen"* bezeichnet werden kann. Einleitend wird in dem Text über den Standard folgendes gesagt: *„AUTOSAR hat sich in den letzten Jahren als Standard für die Beschreibung von Software-Architekturen in Kraftfahrzeugen etabliert. Als Erweiterung seines eigentlichen Fokus und unter Ausnutzung des Virtual-Function-Bus-Konzeptes kann die AUTOSAR*

---

[95] Aussaggen aus diesem Absatz wurden [A15] entnommen
[96] Vgl. [A20], S.2, Absatz 2

Methodik in einem ganzheitlichen E/E-Ansatz für die kohärente Entwicklung elektrischer Fahrzeugarchitekturen eingesetzt werden". Besondere Bedeutung wird hier vor allem dem AUTOSAR-Metamodell zugesprochen, das mit seinen Templates die Beschreibung und Aktualisierung der Bestandteile des Systems über den ganzen Prozess ermöglicht. Zu unterstreichen ist ebenfalls, dass dem Standard eine zentrale Rolle für die Entwicklung der gesamten elektronischen Architektur, nicht nur der Software, sondern des gesamten Fahrzeugs zugeteilt wird. Die vom Gremium beanspruchte Funktionsorientierung bei der Entwicklung ist also spürbar. Nähere Details sind im genannten Artikel nachzulesen.

Mit der immer größer werdenden Nachfrage nach Funktionalität hat sich auch bis heute nichts an dem Trend der wachsenden Bedeutung von Elektronik und Software im Fahrzeug geändert; er hat sich sogar verstärkt. Dies wurde in den einleitenden Kapiteln näher angesprochen. Die auf diese Weise entstehenden Produkte der verschiedenen Fahrzeughersteller versuchen immer spezifischere und umfangreichere Kundenwünsche abzudecken. Im Alleingang würde dies womöglich zu einer unüberschaubaren und kaum realisierbaren Aufgabe für die verschiedenen Hersteller werden, die zudem verschiedenste Produktreihen bedienen wollen. Komplexität kann durch die Hervorhebung von Gemeinsamkeiten reduziert werden und so bietet der Weg der Standardisierung, wie so oft in der Technik, einen Grundstein für neue und gesunde Konkurrenz. Getreu dem Motto *„Cooperate on standards, compete on implementation"*, bietet AUTOSAR einerseits den OEMs die Möglichkeit in einem festgelegten Rahmen dem Endkunden innovative Funktionalitäten auf der Ebene der Applikationssoftware anzubieten, und andererseits dem Zulieferer die Option, sich bei der Umsetzung der hoch-standardisierten Basissoftware gegenüber Mitstreitern zu differenzieren.

„Die modellbasierte Funktionsentwicklung erfährt durch AUTOSAR eine seit Langem geforderte Standardisierung von Beschreibungsformaten und Schnittstellen". So lautet die erste Schlussfolgerung aus dem Erfahrungsbericht [A22], der das Vorgehen bei der schrittweisen Umstellung der Modellbasierten Entwicklung auf die AUTOSAR-Architektur in einem Serienprojekt bei der Daimler AG im Jahre 2008 beschreibt. Der Bericht zeigt deutliche Vorteile bei der Zusammenarbeit des OEM mit Lieferanten von Applikationssoftware auf: So bietet AUTOSAR durch eine *„einheitliche lieferantenübergreifende Softwarearchitektur und eine standardisierte Beschreibung der Metadaten"* enorme Vereinfachungen für die Abstimmung zwischen dem OEM und seinen Lieferanten. Im Artikel wird nicht nur beschrieben, wie Software direkt nach AUTOSAR-Methodik mit dem Zulieferer erstellt wird, sondern auch wie vorhandene Software nach der sogenannten *„Bottom-up-Strategie"*[97] zum Großteil automatisch zu AUTOSAR-konformer Software migriert werden kann. Ebenfalls wird der Umgang mit Systemarchitektur-Werkzeugen und Code-Generatoren für Applikationssoftware detailliert. Der Einsatz von AUTOSAR-konformen Code-Generatoren ermöglicht es unter anderem, bestehende Modelle aus der Modellbasierten Entwicklung wiederzuverwenden und Datenbanken für Interfaces und Datentypen zu erstellen. Die beiden Artikel [A23] und [A24] liefern weitere Erkenntnisse rund um Projekte, die sich mit der Migration von Software zum AUTOSAR-Standard befassen. Im Beitrag [A27] wird näher auf die Verwendung von Datenbanken bei AUTOSAR-Projekten bei dem OEM BMW eigegangen.

Der Artikel [A20] hebt ebenfalls AUTOSAR als großes Plus für die Modellbasierte Entwicklung hervor. Die Vorzüge des Standards für Entwicklungsabläufe nach dem V-Modell, das bereits im Unterkapitel „2.3 Automotive Embedded Software Entwicklung" vorgestellt wurde, werden hier vertieft. Im Vordergrund stehen bei diesem Bericht der Daimler AG vor allem die für das V-Modell elementaren frühzeitigen Tests. Die Vereinheitlichung der Software-Architektur nach AUTOSAR ermöglicht es den linken Ast des V-Modells um die Rückschlüsse aus der sogenannte „Virtuelle Integration" zu bereichern; die Funktionen der Applikations-Software können nicht nur einzeln erprobt werden, sondern auf ihr Zusammenspiel untereinander und mit Teilen der Basissoftware getestet werden. Der die Basis-Software vereinheitlichende Standard AUTOSAR und der auf dem VFB basierende Entwicklungsprozess machen dies mit überschaubarem Aufwand möglich. Der VFB vernetzt im

---

[97] Im AUTOSAR-Entwicklungsablauf gilt es in der Praxis zwischen einer Top-down-Strategie und einer Bottom-up-Strategie zu unterscheiden. Das Kapitel „3.6 Bemerkungen" geht hierauf näher.

frühen Entwicklungsstadium die SWCs untereinander ohne Beachtung ihrer Zuordnung zu einem bestimmten Steuergerät. Der OEM hat auf diese Weise die Möglichkeit, *„die Qualität der Systemspezifikation und der Funktionsmodelle"* frühzeitig, also bevor die Software beim Zulieferer generiert und integriert wird, zu steigern. Dem Werbespruch *„Steuergeräte-Software frühzeitig absichern – der Traum eines jeden Entwicklers"* der Firma dSPACE[98], wird mit AUTOSAR also ein solides Fundament geschaffen. Es soll noch betont werden, dass der in diesem Absatz angesprochene VFB Grundpfeiler des Standards AUTOSAR ist, um Modularität, Verschiebbarkeit, Skalierbarkeit und Wiederverwendbarkeit der Software zu erreichen[99].

Software und Hardware

Zentrales Ziel der am Standard beteiligten renommierten Hersteller ist der Paradigmenwechsel hin zur funktionsorientierten und weg von der Steuergeräte-zentrierten Software-Entwicklung. Der schon 2007 veröffentlichte Artikel [A21] hebt in seiner Einführung deutliche die Beweggründe für dieses Vorgehens bei der Software-Entwicklung hervor: Nicht nur, dass sich Software-Funktionen *„unabhängig von der darunter liegenden Hardware-Umgebung entwickeln, testen und optimieren"* lassen sollen, es werden auch Motivationen wie die Abbildbarkeit einer hohen Variantenvielfalt, Upgrade-Fähigkeit und die Erfüllung nicht-funktionaler Anforderungen wie die Fahrzeug-Diagnose für eine Neuorientierung in der Entwicklung angeführt. Mit Blick auf die bereits vorgestellte AUTOSAR-Methodik wird spürbar, dass bei AUTOSAR die Funktion in Form von SWCs, die über den VFB verknüpft werden, tatsächlich eine zentrale Rolle einnimmt. Wie im Unterkapitel „3.3.1 Die AUTOSAR Methodology" ausgeführt, steht der Begriff „SWC" am Anfang der Methodik und behält durchgehend seine Bedeutung.

Ein elementarer Vorteil von AUTOSAR ist die grundsätzliche Möglichkeit zur Wiederverwendbarkeit von Software. Dieser Ansatz wird durch die klare Trennung von Basis-Software und Applikationssoftware mittels RTE vollzogen. Auf diese Weise können erstellte Funktionen durch geringe Anpassungen an verschieden Hardware-Plattformen adaptiert werden. Dabei ist die zentrale Rolle der RTE zu betonen[100]. Qualitative Gesichtspunkte, wie die dauerhafte Erprobung von Software, ihre Optimierung und die Konzentration auf die Neuentwicklung statt auf die Adaptierung der Software, sprechen für sich[101]. Die Wiederverwendbarkeit von Software ermöglicht auf lange Frist deutliche Kostensenkungen. Um die Wiederverwendbarkeit von Software so weit wie möglich auszuschöpfen, werden in AUTOSAR auf Applikations-Ebene zum Beispiel sogenannte Prototypen[102] verwendet. Es soll auf diese Weise möglich sein, bereits vorhandene Code-Bestandteile zu verwenden und sie zu erweitern. Einen interessanten Beitrag zum Thema Wiederverwendbarkeit und Integration von Hardware mit AUTOSAR bietet der Artikel [A26].

Stark auf technische Besonderheiten ausgelegte Software ist in vielerlei Hinsicht problematisch[103]. So wird beispielsweise der Entwicklungsaufwand auf einen Teilbereich der Nachfrage konzentriert, d.h. eine Funktionalität in Form von Software wird für eine spezielle Hardware-Plattform entwickelt. Die Software beinhaltet die Funktionalität der E/E-Systeme und sollte daher mit einem Maximum an Hardware kompatibel sein, ohne sich auf technische Gegebenheiten festzulegen, soweit dies im Rahmen gewisser physikalischer Notwendigkeiten möglich ist. AUTOSAR ermöglicht es als Standard, der den ganzen Prozess der Software-Entwicklung umschließt, Applikationssoftware möglichst Hardware-unabhängig zu entwickeln. Die Software kann auf hoher Abstraktionsebene nach gezielten Kriterien entwickelt werden[104], ohne auf alle unterliegenden Hardware-Details achten zu müssen.

---

[98] [B23]
[99] Vgl. [A8], S.87
[100] Vgl: [A20], S.3
[101] Vgl [A21], S.6
[102] Vgl. [B22], S.20
[103] Vgl. [A7], S.3
[104] Vgl. [A7], S.3

Variantenmanagement

Dieser in [A8] unter einem eigenen Kapitel angesprochene Gesichtspunkt und die diesbezüglichen Überlegungen sollen hier kurz angesprochen werden:

Von besonderem wirtschaftlichem Interesse im Bereich der Entwicklung von Automotive E/E-Systemen ist die Produktlinienentwicklung, die großes Potenzial für die Kostenoptimierung bietet, sowohl für den OEM als auch für den Zulieferer. Zu einer Produktlinie lassen sich die Software-Produkte bündeln, bei denen starke Gemeinsamkeiten erkannt werden. Durch Hervorhebung einer gemeinsamen Codebasis sowie der unterschiedlichen Elemente und variablen Elemente[105], kann die Entwicklung der einzelnen Software-Produkte einer gleichen Produktlinie parallelisiert werden und auf eine gemeinsamen Basis aufsetzten. Man bezeichnet in diesem Zusammenhang diese miteinander verwandten Software-Produkte als Varianten und deren gemeinsame Entwicklung im Rahmen einer Produktlinie als Variantenmanagement.

AUTOSAR schafft beste Voraussetzungen, um ein Variantenmanagement trotz der enormen Komplexität der Embedded Software zu gewährleisten, und entfaltet auf diese Weise erst seine ganze Stärke. Der Standard bietet in erster Linie eine umfangreiche Architektur mit spezialisierten Modulen. Des Weiteren sind die Verantwortlichkeit eines jeden Moduls, sein Verhalten und seine Schnittstellen, z.B. über ARXML, spezifiziert. Dient die Architektur von AUTOSAR nun als Leitfaden in der Entwicklung und sind alle Abhängigkeiten zwischen den Variablen im Code bekannt, so bildet AUTOSAR einen soliden Baustein für die Produktlinienentwicklung. Es muss jedoch klargestellt werden, dass für ein erfolgreiches Variantenmanagement auch umfangreiche betriebswirtschaftliche Maßnahmen in der Firma, die die Produktlinienentwicklung anzielt, von Nöten sind.

Skalierbarkeit[106]

Eine bedeutende Stärke von AUTOSAR ist die Skalierbarkeit. Sie beruht hauptsächlich auf der klaren Strukturierung der Software durch den Standard. Je nach Bedarf kann mit AUTOSAR für die gewünschte Anwendung gezielt eine Auswahl der BSW-Module erfolgen, sodass kein überflüssiger Treiber-Code mit in die ausführbare Datei des Steuergeräts eingebunden werden muss. In der Praxis bieten die AUTOSAR-Tools für BSW-Konfigurationen verschiedene Möglichkeiten, um nur den notwendigen BSW-Code in den Kompilier-Prozess zu involvieren.

3.5 Kritische Betrachtung von AUTOSAR

Bei der Betrachtung der Thematik ist auffallend, dass vor allem die positiven Seiten des Standards hervorgehoben werden, während die möglichen negativen Aspekte von AUTOSAR nur selten thematisiert werden. Dies mag daran liegen, dass AUTOSAR aus den Nöten der Automotive-E/E-Industrie heraus und durch die Zusammenarbeit der großen Vertreter der Branche entstanden ist. Somit wurden tatsächlich Änderungen eingeführt, die die bisherigen Schwachstellen kontrolliert und bewusst beseitigen sollen. Die Ergebnisse dieser Eigeninitiative sind daher in erster Linie positiv zu bewerten. Nichtsdestotrotz ist es sicher lohnend, für eine faire Bewertung ebenfalls mögliche Schwächen und Problematiken aufzuzeigen. Es sollen deshalb im Anschluss einige dieser kritischen Punkte diskutiert werden.

Unabhängigkeit der Hardware?

Zunächst ist darauf hinzuweisen, dass mit dem Begriff der Hardware-Unabhängigkeit, der schon angesprochen wurde, sehr bewusst und vorsichtig umgegangen werden sollte. Er wird im Rahmen der Spezifikationen und in vielen Artikeln zum Thema ausgiebig verwendet. Demgegenüber muss darauf hingewiesen werden, dass Hardware-Unabhängigkeit nur in gewissen Grenzen zu realisieren ist.

---

[105] Vgl. [A8], S. 166
[106] Vgl. [B95]

So soll hier noch einmal der Satz „*Die Software ist die Basis der Funktionserzeugung, die nur im Zusammenspiel mit dem gesamten technischen System funktioniert*" aus dem Kapitel „2.2 Software im KFZ-Steuergerät" zitiert werden. Die Software kann z.b. nur physikalische Werte verarbeiten, die zuvor über Hardware-Eingänge eingelesen wurden[107]. Schon auf diese Weise wird klar, dass eine Software mit gewisser Funktionalität also auch eine gewisse Hardware benötigt. Auch Eckdaten wie Rechenleistung und Speicherplatz der Hardware müssen für eine Anwendung ausgelegt sein. Die klare Unterscheidung zwischen der *AUTOSAR Software Component Description* und der *AUTOSAR Software Component Implementation* ist also elementar[108], denn tatsächlich gilt der Anspruch der Hardware-Unabhängigkeit nur für die Implementierung der SWCs. Die Eigenschaften einer SWC, die in der *AUTOSAR Software Component Description* festgehalten werden, weisen dagegen klare Hardware-Abhängigkeiten auf[109]. Dort werden z.b. die Anforderungen hinsichtlich Ressourcen festgehalten.

Die AUTOSAR-Spezifikationen weisen bei genauerem Hinsehen Einschränkungen hinsichtlich Hardware-Unabhängigkeit der Software auf, sogenannten *Mapping Constraints*[110]. So heißt es beispielsweise in [B18] auf der Seite 11 bezüglich der Platzierung von SWCs: "*This flexibility does NOT imply that an arbitrary distribution of software components over ECUs is possible. The AUTOSAR Software Component Descriptions contain requirements on the performance of the connectors between the software components which might force closely interacting components to be mapped on the same ECU. System constraints related to issues of security or safety might also reduce the freedom in mapping components on ECUs*". Ebenfalls gelten für die Sensor- und Actuator-SWCs Einschränkungen, wie sie z.B. aus dem Dokument [B25] der AUTOSAR 4.0 Spezifikationen auf der Seite 48 hervorgehen. Im gleichen Sinne heißt es in einer anderen Spezifikation „*Considering sensor/actuator software components, they may only directly address the local ECU abstraction. Therefore, access to remote ECU abstraction shall be done through an intermediate sensor/actuator software component which broadcasts the information on the remote ECU*"[111].

Die Implementierung kann dagegen grundsätzlich als unabhängig vom Typ des µC und vom Typ der ECU betrachtet werden[112]. Es sollte trotzdem erwähnt werden, dass sich Hinweise hinsichtlich der Relevanz verschiedener Implementierungsvarianten in der Methodology finden lassen. So ist diesbezüglich z.B. von *Collection of Available SWC Implementations* die Rede[113]. In bestimmten Fällen werden verschiedene Implementierungsvarianten für eine SWC vorgesehen.

Das von AUTOSAR grundsätzlich mögliche Ummapping von SWCs auf andere ECUs muss ebenfalls differenziert betrachtet werden. So beeinflusst die Umsiedlung von SWCs auch die BUS-Kommunikation. Die über den BUS austauschbaren Nachrichten sind aufgrund dessen beschränkter Bandbreite begrenzt. Bei einem ereignisgesteuerten BUS wie CAN muss bei zusätzlichen Teilnehmern ebenfalls mit erhöhten Latenzzeiten gerechnet werden.

Technische Aspekte[114]

Die vorher angesprochene Verschiebbarkeit von Komponenten zwischen den Steuergeräten, die gerade bei Projekten, in denen die Steuergeräte und deren Einbau-Lage erst spät bekannt sind, besonders attraktiv ist, ist in mehrfacher Hinsicht eingeschränkt, auch wenn es sich nicht um Aktuator- oder Sensor-SWCs handelt. So hat die Verteilung von SWCs immer auch die Konsequenz, dass deren Kommunikation untereinander zunimmt. Die die ECUs vernetzenden BUS-Systeme

---

[107] Diese Aussage soll mit Blick auf das System gelten. Physikalische Größen müssen ursprünglich in ein System eingelesen werden. Die Software-Komponente einer bestimmten ECU kann selbstverständlich Informationen von einer anderen ECU beziehen.
[108] Vgl. [B18], S.11
[109] Vgl. [B18], S.11
[110] [B16], S.15
[111] [B21], S.33
[112] Vgl. [B18], S.11
[113] [B16], S.15
[114] Vgl. [A8], Kap. 12

können jedoch bei beschränkter Bandbreite nur begrenzt die Kommunikation unter den verschiedenen ECUs bedienen. Auch die Unterbringung einer Vielzahl von Komponenten auf einem Steuergerät birgt mit Blick auf dessen Ressourcen eindeutig physikalische Grenzen.

Es soll an dieser Stelle auch noch auf einige technischen Gesichtspunkte die in Kapitel 12 in [A8] erwähnt werden, eingegangen werden. Dort wird z.b. die für den High-End-Bereich relevante Problematik der Sensorfusion angesprochen: AUTOSAR ermöglicht es in seiner Kerndomäne Systemarchitektur nicht das Ursprungssignal von über Steuergeräte konditionierten Video- und Audio-Signalen zu erhalten. Ein Sensorsignal ist somit oft nur für eine bestimmte Anwendung verwendbar und es müssen mehrere ähnliche Sensoren genutzt werden. Auch eine Unterstützung des für Medien spezialisierten BUS-Systems MOST (Media Oriented Systems Transport) ist aktuell nicht vorhanden.

Entwicklungsprozess[115]

Abgesehen davon, dass mit dem Standard ein eigener Markt für die Hersteller der im Laufe des Workflows benötigten Tools entstanden ist, bringt die Abhängigkeit gegenüber hochspezialisierten Werkzeug-Hersteller auch Nachteile. Die Verwendung von Autoren-Werkzeugen, um die verschiedenen Etappen der AUTOSAR-Methodology abzuarbeiten, ist in der Anschaffung und auch in der Schulung der Anwender extrem teuer, zumal eine ganze Reihe dieser Tools im Entwicklungsprozess benötigt wird. Das Zusammenspiel der verschiedenen „Guidances", wie die AUTOSAR-Methodology diese Werkzeuge bezeichnet, erfordert oftmals Anpassungen und auch der Austausch von ARXML-Dateien untereinander funktioniert nicht immer reibungslos, da oftmals Hersteller-spezifische Erweiterungen im Gebrauch sind.

Wie schon erwähnt existieren vom Standard AUTOSAR mehrere Releases, 2.0 bis 4.0, die wiederum in verschiedene Revisions unterteilt sind. So verwenden unterschiedliche Hersteller unterschiedliche Releases des Standards[116], sodass sie und ihre Zulieferer mit Tools für diese Releases arbeiten müssen. Hinzu kommt, dass manche Hersteller teils noch eigene Anpassungen dieser Revisions vornehmen. Die Werkzeughersteller müssen also ihre Werkzeuge in verschiedenen Releases zur Verfügung stellen. Zum Teil müssen bei der Entwicklung von SWCs mehrere Releases gepflegt werden, um sicherzustellen, dass die jeweilige Release des Zielsystems eingehalten werden kann.

Aus Firmen-eigenen Erfahrungen bei der ITK Engineering AG lässt sich als Minuspunkt eine gewisse Inflexibilität im Umgang mit den Anwendungsschnittstellen festhalten; diese werden nach dem bereits aufgezeigten Prozess bereits anfangs in der Methodik aufgesetzt, um anschließend den Software-Komponenten-Rahmen[117] zu generieren. Zwar besteht die Möglichkeit, Schnittstellen nachträglich einzufügen, dazu sind allerdings umfangreiche Schritte notwendig. Der Entwicklungsprozess wird auf diese Weise oftmals erschwert, wenn nachträgliche Anpassungen erforderlich sind.

Integration der Software

Die Einhaltung des neuen Standards bringt auch neue Komplikationen in der Zulieferer-Kette der Automobil-Hersteller mit sich[118]. Die Standardisierung ermöglicht es beispielsweise einem OEM Software von einer Vielzahl verschiedener Zulieferer erstellen zu lassen. Hieraus folgt wiederum ein erhöhter Aufwand im Bereich des Managements. Die OEMs werden im Bereich der Software immer mehr zu den finalen Integratoren, während sie im Bereich der Umsetzung immer mehr von spezialisierten Zulieferern abhängig werden. Die Änderungen in der Prozess-Kette führen dazu, dass die verzögerte Umsetzung geforderter Zertifizierungen, wie CMMI oder Automotive SPICE zu Qualitätsverlusten der Software führt.

---

[115] Vgl. [A8], Kap. 12
[116] [B26]
[117] Als Rahmen kann man vereinfacht die Gliederung einer SWC mit ihren Runnables und Ports verstehen.
[118] Vgl. [A28]

Ein bekanntes Phänomen bei der Umsetzung von AUTOSAR ist das sogenannte Frontloading[119]. AUTOSAR kann nicht den Umfang der an eine Software gestellten Anforderungen reduzieren. Durch AUTOSAR wird sicherlich der Aufwand, der normalerweise, also in der vorher üblichen Entwicklung der Software, bei der Integration entstand, deutlich reduziert; grundsätzliche Änderungen der verschiedenen Komponenten sind zu diesem Zeitpunkt i.d.R. nicht mehr nötig. Gleichzeitig muss man aber davon ausgehen, dass sich in den Projekten die frühen Entscheidungen häufen, diese Entscheidungen aufgrund ihrer Wirkung auf den folgenden Prozess immer anspruchsvoller werden und mehr Konfigurationsarbeit in den frühen Phasen der Projekte anfällt. Dieser offensichtliche Aufwand erscheint oft negativ, gegenüber dem üblichen Aufwand der Integration am Ende eines Projektes. Dieser Aspekt ist in erster Linie für das klassische Top-down-Vorgehen mit AUTOSAR, bei dem eine Funktion von Grund auf gemäß dem Standard entwickelt wird, von Bedeutung. Dieser hohe Aufwand zu Beginn fällt bei den beteiligten Personen gegenüber dem sonst üblichen Aufwand der Integration am Ende eines Projektes oft negativ ins Gewicht.

Performance[120]

Schließlich soll noch auf diesen entscheidenden Gesichtspunkt eigegangen werden. Möglichst wenig Ressourcen verbrauchen, um möglichst viele effektive Funktionen, d.h. Funktionen mit einem praktischen funktionalen Nutzen, aufzurufen, so kann im Bereich der Embedded Software der Begriff „Performance" verstanden werden. Die Ressourcen umfassen sowohl die Rechenleistung als auch den Speicher, bei dem, wie im Kapitel „2.2 Software im KFZ-Steuergerät" erklärt, grundsätzlich in ROM und RAM differenziert werden kann. Durch die Modularisierung, die Schichten-Abstraktion und die Entkopplung über die RTE entstehen bei AUTOSAR zusätzliche Funktionsaufrufe, die Ressourcen beanspruchen und Kosten in Form von Hardware bei Serienprojekten in die Höhe treiben. Die Performance wird also deutlich eingeschränkt. Dieser Punkt, gilt als der meistgenannte Kritikpunkt zum Thema AUTOSAR. Die Tatsache, dass dieser in dem Unterkapitel zuletzt aufgeführt wird, sollte keineswegs die Relevanz dieser Tatsache verdrängen.

Letzten Endes kann nur eine klare Kosten-Nutzen-Analyse zu einer Entscheidung führen, welche die zahlreichen Vorteile von AUTOSAR gegenüber derartigen Nachteilen wie dem Ressourcenverbrauch abzuwägen vermag. Alle die hier erfolgten Bewertungen sind lediglich ein Versuch verschiedene Aspekte und Rückmeldungen aus der Branche im Überblick darzustellen. Eine abschließende Schlussfolgerung zu ziehen und endgültiges Urteil über AUTOSAR zu fällen, ist bei dem Umfang des Standards einer einzelnen Person nur sehr schwer möglich.

3.6 Bemerkungen

Bezogen auf die Modellbasierte Entwicklung von Applikationssoftware mit AUTOSAR und dessen Standardisierung von Software-Architektur und Anwendungsschnittstellen, lohnt sich eine genauere Betrachtung. Abläufe im Entwicklungsprozess können auch innerhalb von AUTOSAR voneinander abweichen; so ist zwar mit der Methodik eine Produkt-Kette mit ineinander greifenden Aufgabenbereichen gegeben, de facto lassen sich aber auch mit AUTOSAR im Entwicklungsablauf verschiedene Wege gehen, um den Standard im Ergebnis umzusetzen. Dabei gilt es grundsätzlich, wie auch in [A22] praktisch erläutert wird, zwischen einer *Top-down-Strategie* und einer *Bottom-up-Strategie* zu unterscheiden. Um kurz auf diese beiden Vorgehensweisen einzugehen, kann gesagt werden, dass die erste wohl zwangsläufig für neue Funktionen gewählt wird, wogegen die zweite eher für die Migration vorhandener Funktionalitäten zum Standard zur Anwendung kommt. Zu diesem Thema wurden Firmen-intern bei der ITK Engineering AG Untersuchungen[121] angestellt, die darauf abzielten, die Rentabilität von AUTOSAR im Entwicklungsprozess näher zu untersuchen. Die beiden genannten Vorgehens-Schemata wurden hier prägnant aufgezeigt und ausgewertet. Die Strukturierung einer Funktionalität in SWCs und Runnables und die Art des Übergangs zu AUTOSAR innerhalb eines

---

[119] Vgl. [A8], S. 182
[120] Vgl. [A8], Kap. 10
[121] Vgl. [A22]

Projekts, haben zudem erheblichen Einfluss auf Aspekte wie Wiederverwendbarkeit und Portierbarkeit der Software oder auf technische Möglichkeiten wie das Task-Mapping.

Aus betriebswirtschaftlicher Sicht stellt AUTOSAR als Standardisierungsmaßnahme vor allem eine Veränderung für einen Automotive-Betrieb dar. AUTOSAR wirkt in der Automobil-Branche auf verschiedenen Ebenen, von den OEMs bis zu den Zulieferern. Allen gemeinsam bleibt, dass die für eine Teilnahme am AUTOSAR-Standard notwendigen Kriterien eingehalten werden müssen. Speziell im Bereich der Automobil-Elektronik, in der die Entwicklung und somit die Komplexität rapide anwächst, ist es langfristig sinnvoll, den Weg der Standardisierung zu wählen. Zur Gewährleistung der Konformität zum Standard ist in den Anfangsphasen ein erheblicher Ingenieursaufwand, der mit hohen Kosten verbunden ist, notwendig. Dieser Prozess stellt jedoch für die Zukunft eine bessere Übersicht über die Automobil-Elektronik in Aussicht und ermöglicht ein deutlich leichteres Vorgehen für spätere Projekte. Die **Abbildung 23** soll diesen Arbeitsprozess mit AUTOSAR symbolisch darstellen. Im Bereich der KFZ-Elektronik, spielt AUTOSAR eine revolutionäre Rolle und zahlreiche Entwickler, wie es auch Olaf Kindel und Mario Friedrich im bereits erwähnten Buch „Software-Entwicklung mit AUTOSAR. Grundlagen, Engineering, Management in der Praxis" tun, sprechen dem Standard einen hohen Nutzen zu[122].

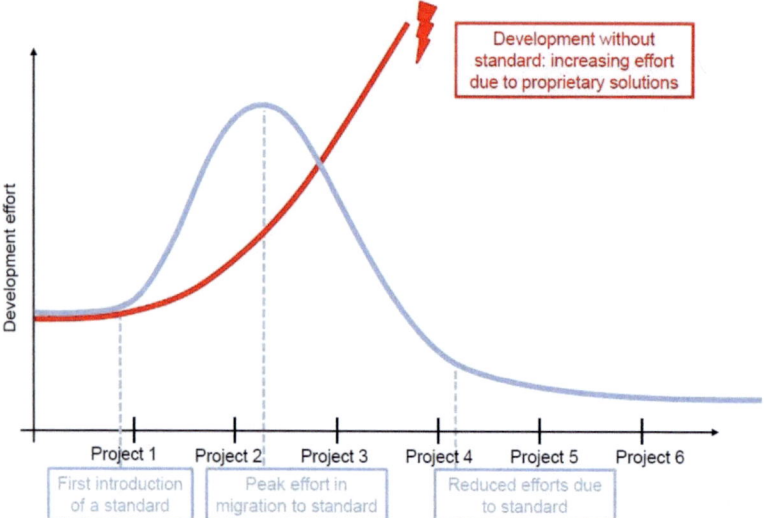

Abbildung 23: Vergleich der Aufwandsentwicklung mit und ohne AUTOSAR

Man kann davon ausgehen, dass die Festlegungen von AUTOSAR adäquat auf die im Automotive Bereich an die Software gestellten Anforderungen ausgerichtet sind. Ein Blick auf die am AUTOSAR-Konsortium beteiligten Firmen zeigt die Relevanz und Bedeutung dieses Standards. Natürlich kann durch einen allgemein tauglichen Standard nicht die Software für ein spezielles Steuergerät, z.B. hinsichtlich Speicherverbrauch, optimiert werden, für die Entwicklung von KFZ Software in ihrer Breite schafft AUTOSAR jedoch Vorteile, wie die Wiederverwendbarkeit von Software. Auch wenn AUTOSAR mit vielen Vorgaben verbunden ist, so bleibt auf der Applikationsebene noch genügend Freiheit, um Raum für funktionale Innovationen zu gewährleisten. AUTOSAR erfüllt somit seinen Zweck.

---

[122] Vgl. [A8], S194

3.7 AUTOSAR 4.0

Erfahrungsberichte, wie der im Unterkapitel „3.4 Positive Aspekte von AUTOSAR" verwendete Artikel [A22], zeigen deutlich positive Rückmeldungen zu AUTOSAR und Akzeptanz für den neuen Standard. Auch der aktuelle Erfahrungsbericht [A29], der über die Entwicklung eines Steuergerätes für ein Elektro-Automobil von Mitsubishi Motors Corporation mit AUTOSAR berichtet, lässt sehr optimistische Rückschlüsse zu. Ebenfalls erwähnenswert ist z.B. das Interview der ATZ mit dem Elektrik-/Elektronikchef der BMW Group unter dem Titel „AUTOSAR sorgt für einen Paukenschlag" [B27], in dem die Vorteile der Wiederwendbarkeit von Software durch AUTOSAR klar herausgestellt und die weltweit ersten AUTOSAR-konformen ECUs in der Siebener Reihe von BMW angesprochen werden. In diesem Unterkapitel sollen die aktuellste Release des Standards und seine Neuerungen kurz vorgestellt werden.

Die in allen drei Teilbereichen des Standards erfolgten Aktualisierungen lassen sich sicher am treffendsten in der Spezifikation nachlesen. Die vollständige Auflistung für den interessierten Leser lautet an entsprechender Stelle[123]:

„•Functional Safety

- Memory Partitioning Concept
- Time Determinism Concept
- Program Flow Monitoring Concept
- SW-C E2E Comm protection Concept
- BSWM Defensive Behavior Concept
- Dual Microcontroller Concept
- E-Gas Monitoring Applicability Concept

•Architectural improvement

- Error Handling Concept
- Multi Core Architectures Concept
- Bootloader Interaction Concept
- Build System Enhancement Concept
- Memory Related Concept
- Support of Windowed Watchdog Concept
- Enabling CDDs in the BSW Architecture Concept

•RTE enhancement

- Triggered Event Concept
- Integrity and Scaling at Ports Concept
- RTE API Enhancement Concept

•Evolution of COM

- LIN 2.1 Std Concept
- Flex Ray Spec 3.0 Concept
- XCP for AUTOSAR Concept
- TCP/IP CommStack Extensions Concept
- Support of Large Data Types Concept

•Functional enhancement

- VMM AMM Concept
- Support of SAE J1939 Protocol Features Concept
- NM Coordination Concept

---

[123] [B28], S.8/9

- AUTOSAR Scheduler Harmonization Concept
- Functional Diagnostic of SWC Concept
- Communication Stack Concept

•Debugging

- Debugging Concept
- Log and Trace Concept

•Enhancement of M&T

- Variant Handling Concept
- Methodology Refinement Concept
- Timing Model Concept
- ECUC Parameter Definition Harmonization Concept
- M2 Support Concept for Documentation on M1 Level
- M2 Support Concept for Definition of Calibration Data Sets on M1 level
- Calculation Formula Language Concept
- Specification Improvement for the ECU Extract Concept
- MetaModel Cleanup Concept"

Diese Auflistung mag sicher vollständig sein, aussagekräftig ist sie aber in erster Linie für den mit dem Thema vertrauten Anwender. Um also die grundlegenden Neuerungen zu erläutern, sollen im Folgenden eine Reihe Erklärungen folgen. Angesprochen werden[124]:

- Funktionale Sicherheit:

Dieser bereits in der vorherigen Auflistung angesprochene Punkt lehnt sich an die Norm ISO 26262[125] an, um Entwicklungsprozesse im Bereich der „Functional Safety" zu gewährleisten. Dies wird durch verschiedene Maßnahmen in AUTOSAR 4.0, wie sie im Auszug aus der Spezifikation genannt sind und von denen manche weiter unten erläutert werden, ermöglicht. Wichtige Beiträge liefern hierfür Techniken wie die Speicher-Partitionierung, die beim Einsatz von sicherheitskritischer und nicht-sicherheitskritischer Anwendungssoftware auf einer ECU Hilfe leistet, die End-to-End-Protection, oder Software wie der sogenannte Memory Protection Checker

- Multicore-Unterstützung:

Auf diese Weise wird es in AUTOSAR 4.0 möglich das sogenannte Parallel-Processing durchzuführen: Auf unterschiedlichen Prozessorkernen lässt sich unabhängig voneinander Programmcode verarbeiten. Die auf diese Weise gesteigerte Rechenleistung setzt man beispielsweise für Domänen-Steuergeräte ein; Sie übernehmen Funktionalitäten für gesamte Fahrzeug-Domänen, also Fahrzeug Subsysteme, wie sie in der **Abbildung 4** gezeigt sind, und bieten tendenziell eine höhere Energieeffizienz.

- Partial Networking[126]:

Diese Neuheit, die zwar in der obigen Auflistung nicht direkt auftaucht, aber im Unterkapitel „3.2 Motive und Ziele" von AUTOSAR im Begriff „Concepts for Efficient Energy Management" eingeschlossen ist, bedeutet auf Deutsch „Teilnetzbetrieb"; nur die ECUs, die in einer bestimmten Betriebslage des Fahrzeugs auch tatsächlich benötigt werden, bleiben unter vollständiger Stromversorgung, während die anderen Steuergeräte selektiv in einen Stromsparmodus übergehen, ohne das gesamte Netzwerk abschalten zu müssen. Dies spielt vor allem bei Elektro- und Hybridantrieben eine wichtige Rolle für Energieeinsparungen.

---

[124] Diese Auflistung orientiert sich an [B31].
[125] Vgl. [A30]
[126] Vgl. [B30]

- Ethernet-Unterstützung:

Gemeint ist hiermit die Einbindung des Protokolls TCP/IP (Transmission Control Protocol / Internet Protocol in die Kommunikationsstruktur des Fahrzeugs. Das universell eingesetzte Protokoll TCP/IP ermöglicht im Automobil eine schnelle Datenübertragung gegenüber den konventionelle BUS-Protokollen CAN, Lin und auch FlexRay. Vorteile ergeben sich in der Fahrzeugdiagnose, Update-Programmierung, aber auch dem Infotainment. Autosar 4.0 bietet demnach auch Besserungen bei Schwächen, wie sie im Punkt „Technische Aspekte" des Unterkapitels „3.5 Kritische Betrachtung von AUTOSAR" angesprochen wurden. Die Aufnahme von XCP (Universal Measurement and Calibration Protocol)[127] in die Spezifikation sollte ebenfalls genannt werden.

Ergänzend kann über die neue Version des Standard, bei deren Einführung vor allem BMW und Volvo federführend sind, gesagt werden, dass sie in ihrer neuen Form eine breitere Basis an BSW-Modulen und Bibliotheken bietet[128]. Ebenfalls unterstützt die Version 4.0 mit dem Modul Debugging die Fehlersuche; aufschlussreiche Informationen über die ECU können gesammelt und an einen Rechner übertragen werden, um Daten weiter zu analysieren[129]. Weitere Stärken der aktuellsten Standardversion, werden in einem Interview[130] mit AUTOSAR-Sprecher der BMW AG, Simon Fürst, angesprochen: Hier werden eine strake Erweiterung der nutzbaren Anwendungsschnittstellen, die Weiterentwicklung der AUTOSAR Methodik und von deren Templates sowie die Unterstützung von Technologiewie FlexRay 3.0 genannt.

Um diesen kurzen Ausblick über AUTOSAR 4.0 abzuschließen – nähere Information über diese Version des Standards sind der Spezifikation zu entnehmen, soll ein Zitat aus einem der genutzten Artikel, [B31] angeführt werden. Die wirtschaftlichen und organisatorischen Vorteile von AUTOSAR werden auch hier hervorgehoben: *„Früher haben viele Autohersteller ihre Standardsoftware entwickelt oder bei einem Softwarehaus eingekauft und sie dann mit ihren Modifikationen versehen. Autosar 4.0 ermöglicht erstmals den Verzicht auf herstellerspezifische Anpassungen an der Software – und bietet damit alle Vorteile eines echten Standards. So können OEMs die Vorzüge eines offenen Marktes nutzen. Die meisten erlauben ihren Zulieferern nun, Standardsoftware beim Hersteller ihrer Wahl zu beziehen. Die Tier1-Zulieferer können standardisierte Autosar-Software zentral einkaufen und diese dann plattform- und sogar herstellerübergreifend einsetzen. Nicht zuletzt profitieren Steuergeräte-Zulieferer auch von einem jeweils geringeren Entwicklungsaufwand für die Anpassung ihrer Applikationssoftware auf neue Steuergerätehardware und andere Basissoftware".*

Abschließend sei noch gesagt, dass in den kommenden Jahren in den Serien-Projekten vor allem die Releases 3.2 und 4.0 des Standards AUTOSAR eine vorherrschende Rolle spielen werden. Es ist demnach von großer Bedeutung aktuelle Projekte beim Einstieg in den Standard auf diese Versionen zu migrieren. Der Artikel [A33] bietet zu dieser Frage mit Bezug auf die Modellbasierte Entwicklung nähere Informationen.

---

[127] [B29]
[128] [A31].
[129] [B32]
[130] [B33]

4 Hauptteil

4.1 Arctic Studio

4.1.1 Kontext der Arbeit

Die hier angefertigte Arbeit wird bei der Firma ITK Engineering AG[131] im Rahmen eines Innovationsprojektes erstellt. Ziel des Projektes mit dem Namen „IM_ARC_CORE" ist es, erste Erfahrungen im Umgang mit der AUTOSAR-Entwicklungsumgebung **Arctic Studio**, die im Anschluss vorgestellt werden soll, zu sammeln. Für die ITK Engineering AG steht bei dieser Erprobung im Vordergrund, dass das betrachtete Produkt gegenüber Konkurrenzprodukten aufgrund von vergleichsweisen geringen Lizenzkosten besonders attraktiv ist. In erster Linie sollen das Tool und auch das Unternehmen ArcCore auf ihre Eignung zum Einsatz in TIER 1-Projekten[132] evaluiert werden. Alternativ wäre der Einsatz von Arctic Studio auch für Non-Automotive-Kunden denkbar. Über den kommerziellen Blickwinkel hinaus, könnte die Entwicklungsumgebung zudem zur Vermittlung des AUTOSAR-Gedankens im Rahmen von Schulungen eingesetzt werden.

4.1.2 Vorstellung

Arctic Studio fällt allgemein unter die Kategorie der IDEs (Integrated Development Environment) und bietet demnach diverse Programme wie Textbearbeitungsprogramme mit Syntax-Hervorhebung, Debugger, Linker, oder Source-Code-Verwaltungsprogramme, die für eine durchgängige Erstellung von Software notwendig sind. Es basiert auf dem universell bekannten quelloffenen Produkt Eclipse – quelloffene Software wird auch als Open Source Software bezeichnet –, das ursprünglich für die Programmiersprache Java ausgelegt war. Das betrachtete Produkt der schwedischen Firma ArcCore AB[133] ist eine kommerzielle Erweiterung von Eclipse; es handelt sich um eine speziell auf AUTOSAR ausgelegte und somit für den Automotive-Bereich geeignete Entwicklungsumgebung für Software. Hinsichtlich der Software-Hochsprachen ist Arctic Studio, dem Automotive Embedded Bereich entsprechend, auf die Erstellung von ANSI-C-Code ausgelegt; zur Erstellung von lauffähigem Code kann des Weiteren MSYS[134] als sogenanntes Build Environment genutzt werden[135].

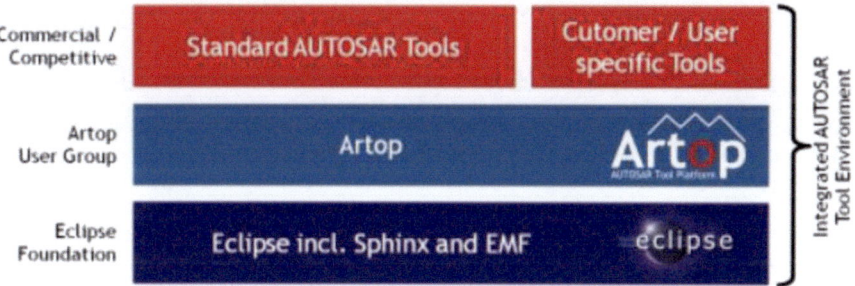

Abbildung 24: Artop, Bezug zu Eclipse

---

[131] [B36]
[132] Als TIER 1 wird im Automotive Bereich die dem OEM nächst-stehende Zulieferer-Ebene im SCOR (Supply Chain Operations Reference)-Modell bezeichnet.
[133] [B37]
[134] [B34]
[135] [B66]

Arctic Studio basiert wie andere Produkte von ArcCore auf Artop[136] (AUTOSAR Tool Platform). Diese Tool-Plattform bietet eine gemeinsame quelloffene Implementierungsbasis für die eigentliche Entwicklungssoftware, die zur Erstellung von AUTOSAR-konformer Software und Konfiguration AUTOSAR-konformer Systeme ausgelegt ist. Es ist dabei also nicht die Rede von der Embedded Software, die auf Steuergeräten zum Einsatz kommen soll, sondern der Software, die zu ihrer Erstellung dient. Ziel der Artop-Organisation ist in erster Linie, eine solide Basis zur schnellen Erstellung leistungsfähiger AUTOSAR-Werkzeuge zu gewährleisten. Die Produkte sollen möglichst die aktuellsten Standards von AUTOSAR erfüllen und eine reibungslose Zusammenarbeit verschiedener Werkzeuge im AUTOSAR-Workflow gewährleisten. In einer Art Schichtenstruktur stellt Artop ein Bindeglied dar, welches auf Basis von Eclipse eine Spezialisierung für AUTOSAR-Tools ermöglicht. Mit Artop lassen sich über Plug-Ins in der obersten Schicht spezielle Funktionalitäten für kommerzielle AUTOSAR-Werkzeuge erstellen. Die **Abbildung 24** soll diesen Sachverhalt prägnant darstellen. Die genauen Beiträge, die Artop und Artop-eigene Projekte wie ARText[137], das einen Rahmen für die Erstellung bereichsspezifischer textueller Modellierungssprachen für AUTOSAR bieten soll, leisten, können in [B37] eingesehen werden.

4.1.3 Inbetriebnahme

Ausgehend von der Website der Firma ArcCore steht neben anderen Produkten für „*automotive embedded ECU solutions*" das Tool Arctic Studio für Anwendungen mit AUTOSAR zur Verfügung. Das Tool, steht im Produkt-Bereich [B41] in verschiedenen Versionen für Windows Betriebssysteme zum freien Download bereit. Dabei können direkt Optionen zu dem für die IDE elementaren Compiler gewählt werden. Es stehen mehrere Versionen des GCC Compilers[138], die auch mit speziellen Ausrichtungen für spezielle Embedded Ziel-Hardware gewählt werden können, zur Verfügung. Der Compiler kann auch vom Download ausgeschlossen werden.

Direkt verwiesen wird der Kunde bei der kostenlosen Beschaffung des Produkts auf das „*Quick Start Tutorial*" [B43], mit dem man die Installation abschließen kann und in rudimentäre Funktionen des Software-Werkzeugs eingeführt werden soll. Diese Einführung ist Teil einer ArcCore eigenen Wissenssuche, in der das ArcCore-Team eine Übersicht zur Handhabung des Produktes erarbeitet. In erster Linie werden normale Einstellungen wie der Pfad für ein eigenes Arbeitsverzeichnis vorgenommen aber auch ein für Arctic Studio charakteristisches Repository festgelegt; es handelt sich hierbei um eine lokale Kopie des Entwickler-Repository, in dem relevante Dateien, in erster Linie C-Quellcode, von den Software-Entwicklern abgelegt werden. Der Begriff Open Source bezeichnet in diesem Zusammenhang die Einsicht in diesen Quellcode. Für den normalen Nutzer, der nicht mitentwickelt, ist dabei zu beachten, dass das Arbeitsverzeichnis der validierten Entwicklungen mit dem aktuellen Tag-Namen „Clearwater" gewählt werden sollte. Für die Entwickler, die an den aktuellsten Releases beteiligt sind, ist das „Bleeding Edge" Repository reserviert. Das Repository sollte für die Nutzung unbedingt mit der Eclipse-eigenen Versionsverwaltung Mercurial auf dem aktuellen Stand der Entwicklung gehalten werden. Es sei gleich zu Anfang gesagt, dass die GUI (Graphical User Interface) von Arctic Studio und die Grundzüge des Umgangs mit dem Tool nahezu komplett identisch mit Eclipse sind. Selbstverständlich treten in der Nutzung Eigenheiten, meist mit Bezug auf AUTOSAR auf, über die Hauptleiste kann man mit (Help→Help Contents) die Grundlagen von Eclipse in dem „Workbench User Guide" einsehen. Ein Großteil der Inhalte von Arctic Studio ist ebenfalls dort erläutert.

Die Gelegenheit soll genutzt werden, um die genutzte Ansicht in Arctic Studio kurz anhand der **Abbildung 25** vorzustellen. Es handelt sich um eine optionale Ansicht, die jeder Nutzer nach Belieben anders einstellen kann. In der IDE können verschiedene „Perspectives", also Gesamtansichten, die für ein bestimmtes Tätigkeitsfeld, z.B. C/C++ oder AUTOSAR, speziell konfigurierbar sind, erstellt werden. Eine „Perspective" zeichnet sich durch eine bestimmte Anordnung von Fenstern, sogenannte

---

[136] [B38]
[137] [B40]
[138] [B42]

„Views", aus. In der genannten Abbildung ist eine mögliche „Perspective" dargestellt. Wie es für eine IDE typisch ist, befindet sich im linken Bereich der „Project Explorer" – eine eigene „View" – mit den verschiedenen Nutzer-eigene Projekten, von denen in diesem Fall eines geöffnet ist. In der zentralen View, die hier zur Hervorhebung rot eingerahmt dargestellt wird, kann der Anwender mit verschiedenen Editoren Dateien aus den Projekten öffnen und diese bearbeiten. Neben normalen Text-Editoren, mit denen beispielsweise C-Dateien editiert werden können, bietet Arctic Studio auch die charakteristischen ARXML-Editoren. In der Abbildung ist die Ansicht auf einen solchen exemplarisch dargestellt. Diese zentrale „View" ist für die Bearbeitungen vorgesehen und hat daher eine besondere Stellung inne. In der „View" unten und der „View" auf der rechten Seite können noch verschiedene Anzeigen ausgeben werden. So sieht man in dem Beispiel in der unteren Ausgabe die View „Problems", über die Warnungen und Fehler bei Vorgängen ausgegeben werden, während im rechten Bereich die View „AUTOSAR Explorer" widergegeben wird.

Abbildung 25: Gesamtansicht auf Arctic Studio

Grundbestandteile bei der Inbetriebnahme von Arctic Studio, dessen Instandhaltung oder bei dem Wechsel des Embedded *Targets*, d.h. des Steuergeräts, auf dem die zu erstellende Funktion betrieben werden soll, sind die Installation und das Update von Software, welche die Funktionalitäten der IDE erweitert. Neben grundlegenden Bestandteilen, wie die Erweiterungsplattform Sphinx[139] von Eclipse, die auch in der **Abbildung 24** in der Basis von Artop zu sehen ist, oder dem angesprochenen ARText, sind auch C-spezifische Entwicklungs-Tools verfügbar. Neben diesen Software-Teilen findet man Hersteller-spezifische Plug-Ins, die im vorherigen Unterkapitel mit Blick auf Artop angesprochen wurden. In diesen Plug-Ins steckt der eigentliche Mehrwert des Tools gegenüber Eclipse und bestimmte in der AUTOSAR-Methodology beschriebenen „Activities" werden durch die Plug-Ins übernommen. Über Update-Internet-Seiten von ArcCore, können sämtliche Plug-Ins geladen werden. Von der Hauptansicht in Arctic Studio können über (Help→About Arctic Studio→Installation Details) die aktuell verfügbaren Plug-Ins eingesehen werden und über (Help→Install New Software) oder (Help→Check for Updates) weitere Plug-Ins bezogen werden. Das erwähnte Einführungs-Tutorial [B43] geht auch auf diese Punkte kurz ein.

Im Kern der Betrachtung bei dieser Arbeit stehen die „Arctic Core components": Unter diesen Begriff fallen die Plug-Ins von Arctic Studio, die mit Blick auf AUTOSAR von besonderer Relevanz sind und

---

[139] [B45]

sich in der Artop Schichtung der **Abbildung 24** in der obersten kommerziellen Ebene befinden. Auch wenn diese Software-Teile vorerst kostenfrei bezogen werden können, so fallen für die Freigabe deren Anwendung im industriellen Einsatz Lizenz-Kosten an. Es handelt sich hierbei in erster Linie um ArcCore SWC Builder, ArcCore Extract Builder, ArcCore BSW Builder, ArcCore RTE Builder und ArcCore Core Builder. Diese Produkte können bei Bedarf auch einzeln betrieben werden und stehen zum Teil in Erweiterungen für bestimmte Embedded Targets zur Verfügung; so gibt es z.B. einen ArcCore Core Builder for ARM und einen ArcCore Core Builder for PowerPC.

4.1.4 Arbeitsgrundlage

Die Handhabung des untersuchten Produkts lässt sich nur Stück für Stück erlernen. Es gibt zum aktuellen Zeitpunkt kein detailliertes User Manual, die die Funktionalitäten mit Blick auf AUTOSAR ausführlich darstellen. Für den versierten Ingenieur, der im Umgang mit Tools dieser Art und mit dem Entstehungsprozess von eingebbetten Systemen im Rahmen des Standards vertraut ist, mögen die zum Produkt genannten Schlagwörter, wie z.B. „RTE Builder", aussagekräftig genug sein, um sich die nötigen Konfigurationen und das Arbeitsausmaß vor Augen zu führen. Die AUTOSAR-Theorie ist sehr umfangreich und so stellt die Inbetriebnahme und Handhabung eines Tools, das kaum Dokumentation bereitstellt, eine besondere Herausforderung dar. Nachdem nun über einen gewissen Zeitraum dieser Studie Erfahrungen im Umgang mit Arctic Studio gesammelt wurden, soll versucht werden, die dort verfügbaren Funktionalitäten mit Bezug auf AUTOSAR für die Nutzung offen zu legen. Es wird daher des Öfteren auf die AUTOSAR-Methodology eingegangen und somit unterstrichen, wie elementar das Verständnis der einzelnen Arbeitsprozesse für das Gesamtverständnis und vor allem für die Anwendung des Standards ist. Ein Blick auf das eigens der Methodology gewidmeten Unterkapitel in dieser Arbeit ist für die Arbeitsabläufe mit dem Werkzeug demnach hilfreich und Dokumente der Spezifikation, wie[B16] und [B17], gehen auf weitere Details ein. Grundvoraussetzung, um den Beschreibungen der Methodology und deren Vertiefungen folgen zu können, ist des Weiteren, dass die gängigen Begriffe zur Architektur der Software bekannt sind.

Die einzige Übersicht im Umgang mit Arctic Studio ist momentan in einer sehr rudimentärere Beschreibung der Wissenssuche von ArcCore [B44] zu finden. Kernelement dieser Hilfe ist die **Abbildung 26**, die den sogenannten „Toolchain Workflow" abbildet. Das vorherrschende Problem im Umgang mit dem Werkzeug besteht darin, dass bis auf bestimmte Eigennamen von Bestandteilen des Arctic Studio wie „SWC Builder" oder „RTE Builder" in den Beschreibungen nur schwer ein Bezug zu den AUTOSAR-Spezifikationen hergestellt werden kann. Der Nutzer kann also nicht ohne weiteres erfahren, welche Aufgabe in welchem Schritt abgearbeitet werden soll. Es soll also im nächsten Unterkapitel ein Bezug zur Methodology aufgebaut werden, wobei durchaus auch Details der Spezifikation angesprochen werden, die noch nicht in dieser Arbeit ausgeführt wurden.

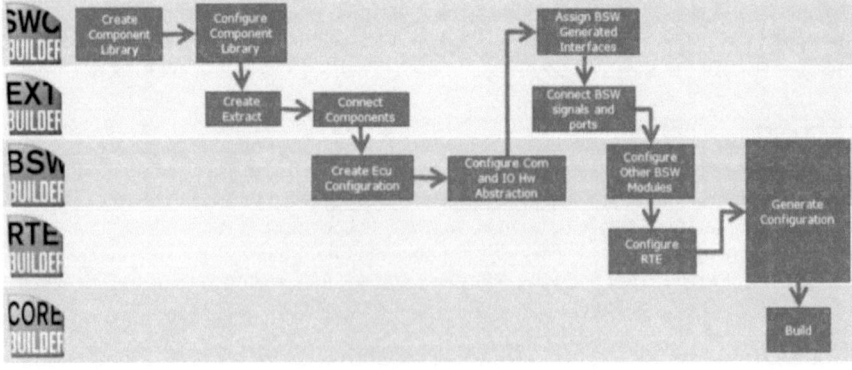

Abbildung 26: Arctic Studio Toolchain Workflow

Arctic Studio setzt in der AUTOSAR-Methodology, die umfassend in einem Unterkapitel der Arbeit vertieft wurde, erst nach dem Hauptschritt „Configure System" ein, der in der **Abbildung 13** in der System-Ebene dargestellt wurde. Das bedeutet, dass das Mapping der SWCs auf bestimmte ECUs bereits erfolgt ist: Es steht also fest, welche Funktionalität auf welchem Steuergerät laufen wird. Produkte, wie die im Kapitel „3.3.1 Die AUTOSAR Methodology" vorgestellte *System Configuration Description* oder die ebenfalls bedeutende *System Communication-Matrix*, sind bereits im Workflow erstellt worden. Wie bereits erklärt, gibt die Methodology keine zeitliche Reihenfolge vor; aber Änderungen in den eben genannten Phasen führen in der Regel auch zu Änderungen in folgenden Schritten. Sämtliche Entscheidungen auf System-Ebene sollte daher getroffen sein. Arctic Studio agiert im AUTOSAR-Workflow in erster Linie auf der ECU-Ebene. Nichtsdestotrotz kann mit Arctic Studio des Weiteren auch ein Grundstein für die in der **Abbildung 13** auf der Component-Ebene gezeigte Activity *Implement Component* geschaffen und somit ein bedeutender Beitrag für die Erstellung einer Funktion geleistet werden. Dieser Aspekt wird später in der Arbeit noch aufgegriffen. Vor einer Vertiefung, sollte mit Blick auf die Methodology nochmals auf Arctic Studio als IDE eingegangen werden: Im Rahmen der Arbeit mit AUTOSAR, bietet ein Tool wie Arctic Studio, das einen Großteil der Arbeitsschritte mit AUTOSAR abdeckt, verschiedene Anwendungen. So können ARXML-Files über spezielle GUIs erstellt werden. Darüber hinaus können im Rahmen der AUTOSAR-Konfigurationen Validierungen dieser ARXML-Files durchgeführt werden. In der Methodology aufgezeigte C-Dateien, wie sie z.B. bei einem genauen Blick in die Figure 16 der Methodology [B16] zu sehen sind, können automatisch erstellt werden. C-Dateien können auch manuell, z.B. für die SWC-Implementierung, die nicht Teil der Methodolgy ist, editiert werden. Auch die für eine IDE üblichen Schritte des Kompilierens und Linkens[140] sind in den Funktionen des Arctic Studio inbegriffen.

Die Arbeit mit dem Arctic Studio beruht in erster Linie auf der Bearbeitung der AUTOSAR-spezifischen ARXML-Files. Die Grundzüge dieses bereits mehrfach erwähnten Dateientyps basieren auf dem XML-Format, wobei AUTOSAR-spezifische Vereinbarungen berücksichtigt werden müssen. Bei dem Umgang mit Arctic Studio stehen drei ARXML-Dateien im Vordergrund; diese werden jeweils über spezielle Editoren bearbeitet. Es handelt sich hierbei für jedes eigene Projekt um eine ARXML-Datei, die mit dem ArcCore SWC Builder bearbeitet wird, eine weitere ARXML-Datei, die über den ArcCore Extract Builder editiert wird und schließlich eine ARXML-Datei, die mithilfe des ArcCore BSW Builder konfiguriert wird. Sie können per Rechts-Klick mit dem passenden Tool geöffnet werden. Die für eine IDE gängige Bezeichnung „Projekt" bezieht sich bei der Arbeit mit Arctic Studio auf eine ECU. Ein Rückblick auf die **Abbildung 25** ermöglicht es, beispielhaft für das hier geöffnete Projekt „MOTOR_BSW_Konfig_10_mitEmbCod" die drei eben angesprochenen ARXML-Files ausfindig zu machen. Sie wurden der Übersichtlichkeit halber mit sinnvollen Namen versehen, um die Zuordnung mit dem jeweiligen Builder von ArcCore zu gewährleisten. Die Betrachtungsebene des Arctic Studio ist wie bereits gezeigt die ECU-Ebene in der AUTOSAR-Methodology. In der **Abbildung 26** wird die Erzeugung dieser drei ARXML-Files jeweils mit den Schritten „Create Component Library" für den SWC Builder, „Create Extract" für den Extract Builder und „Create ECU Configuration" für den BSW Builder erwähnt. Es sei nochmal daran erinnert, dass die Begriffe der Wissenssuche von ArcCore differenziert zu betrachten sind, da die Umfänge der Vorgänge im Tool nicht präzise definiert sind. Die Begriffe aus der Methodolgy, die hier in Bezug auf Arctic Studio zum Zweck der Erläuterung erwähnt werden, sollen daher im Folgenden hervorgehoben werden.

Wie bereits gesagt, kann die angesprochene Vertiefung in den Standard speziell für den Umgang mit einem Tool im Rahmen der AUTOSAR Methodology nicht ohne weiteres erfolgen. Eine Anlehnung an verschiedene Spezifikationen zum Standard ist notwendig, um den Bezug zwischen der Arbeit mit Arctic Studio und dem Standard zu erstellen. Die in dieser Arbeit gewählte Vorgehensweise ist sicher keine kritische Betrachtungsweise: Im Vordergrund steht wie gesagt, den Zusammenhang zwischen dem Arctic Studio und AUTOSAR zu beleuchten. Ein gleichzeitiger Einstieg in AUTOSAR und das Erlernen der Handhabung eines Software-Werkzeugs dieser Art ermöglichen es in einer ersten Zeit

---

[140] Vgl. Abbildung 6

vor allem die Parallelen zu entdecken. Bei der Arbeit mit Arctic Studio soll untersucht werden, welche Teile des standardisierten AUTOSAR-Workflows abgedeckt werden.

Eine breitere Betrachtung der AUTOSAR Spezifikation ist für das weitere Vorgehen hilfreich und es soll daher nochmals auf bestimmte Stellen eingegangen werden. Es sollte klargestellt werden, dass jeder Versuch, diese Tatsachen kurzzufassen, zwangsläufig zu Unvollständigkeiten, womöglich auch fehlerhaften Formulierungen führen kann. Der Umfang der Erläuterungen mag erschlagend wirken, ohne diesen Ansatz macht eine Beschreibung der Arbeit mit Arctic Studio jedoch nur beschränkt Sinn.

Metamodellierung

Eine erhebliche Erleichterung bei der Verarbeitung der Informationsflut, die einem beim Umgang mit AUTOSAR begegnet erlaubt die Klarstellung in diesem Abschnitt. Es soll ein kurzer Einschub erfolgen bevor weiter auf das Tool eingegangen wird. In den AUTOSAR-Spezifikationen wird eine hierarchische Metamodellierung genutzt. Dieser Aspekt soll so verstanden werden, dass Beschreibungen und Erklärungen auf unterschiedlichen Ebenen erfolgen. Eine höhere Ebene dient dabei der Definition der unterliegenden Ebene. Jede Ebene nutzt dabei ihre spezifischen Mittel, um Sachverhalte wiederzugeben. Mit diesem Hintergrundwissen, können die Inhalte beim Lesen direkt einer gewissen Ebene zugeordnet und die jeweilige Relevanz für die eigene Recherche und Lektüre ermittelt werden. Die Gliederung des Metamodells in sogenannte Metalevel, die mit „Mx" gekennzeichnet sind, vollzieht sich hierbei wie folgt von der untersten Schicht, welche die konkreteste ist, zur obersten Schicht, die die abstrakteste ist[141]:

- M0, AUTOSAR Objekte:

    In dieser Ebene handelt es sich um alle Bestandteile eines konkreten AUTOSAR-System, die real auf einem Steuergerät mit AUTOSAR-konformer Software Anwendung finden.

- M1, AUTOSAR Modelle:

    Auf dieser Meta-Ebene werden AUTOSAR-Modelle festgelegt, die von Ingenieuren erstellt werden. Es handelt sich also beispielsweise um ein AUTOSAR-System im Entwurf, bei dem SWCs mit spezifischen Ports miteinander verbunden werden. Es müssen alle für AUTOSAR relevanten Modellierungseinheiten gewählt werden, die für die Erstellung des Systems notwendig sind. Ein AUTOSAR-Modell ermöglicht also die Umsetzung eines AUTOSAR-Objekts. Die Anwendung eines AUTOSAR-Tools kann in dieser Ebene eingeordnet werden.

- M2, AUTOSAR Metamodell:

    Auf diesem Level wird die eigentliche AUTOSAR-Semantik festgelegt. Welche Bestandteile gibt es in AUTOSAR und wie ist ihre Beziehung untereinander. Begrifflichkeiten wie die SWC oder der Port werden definiert. Auf dieser Ebene kommt z.B. das schon in dem der Methodology gewidmeten Unterkapitel dieser Arbeit angesprochene SPEM, mit dem die Abläufe und Zusammenhänge in der AUTOSAR Methodology erklärt werden, zum Einsatz. Das AUTOSAR Metamodell kann in [B50] in Form einer eap-Datei eingesehen werden.

- M3, UML Profil für AUTOSAR – Templates:

    Diese Ebene ist insbesondere für die Arbeit mit dem Standard, der Methodology und deren Abläufen interessant. Wie es der Name bereits verrät wird auf dieser Meta-Ebene das berühmte UML[142] (Unified Modeling Language) der OMG[143] (Object Management Group) genutzt. Das SPEM ist übrigens ein Unterprofil der UML. UML wurde im Rahmen des Standards AUTOSAR um spezifische Elemente erweitert; diese sollen insbesondere die Beschreibung der AUTOSAR-eigenen Templates unterstützen. In AUTOSAR werden zum Beispiel die UML Klassendiagramme genutzt, um die Beziehungen zwischen verschiedenen

---

[141] Vgl. [B46], S.22 ff.
[142] [B48]
[143] [B47]

Templates von AUTOSAR zu erklären und deren Inhalte widerzugeben. Details zu Verwendung von UML können in der Spezifikation [B46] nachgelesen werden. Das gesamte AUTOSAR Metamodell wird mittels UML beschrieben.

Die Templates dienen innerhalb von AUTOSAR dazu notwendige Informationen zusammenzutragen. In [B46] heißt es dazu „*The collection of attributes required specifying various AUTOSAR relevant artifacts like software components, ECUs and so on is called an AUTOSAR template. Once information is available a template is said to be filled out, leading to an AUTOSAR description*". Für diese Templates und die Speicherung von deren Information wurde im Standard das ARXML-Format gewählt. Der Zusammenhang zwischen den Templates und dem Format ARXML wird in der Spezifikation [B49] erläutert.

- M4, MOF (Meta Object Facility):

    Auf der höchsten Ebene der Metamodellierung befindet sich das MOF. Es werden keine weiteren Ebenen für Erklärungen benötigt. Dem MOF liegt zum Beispiel die hier angewendete Gliederung in verschiedene Ebenen zugrunde. Im Zusammenhang mit MOF, wird oft von einer Meta-Meta-Modellierung gesprochen.

Bei der Arbeit mit der Spezifikation sollte immer versucht werden, die gerade behandelte Thematik in diese Ebenen einzuordnen. Umgekehrt lässt sich oft auch über die Art der verwendeten Graphiken, z.B. SPEM oder UML Klassendiagramm, eine Einordnung treffen und somit die Relevanz eines Abschnittes der Spezifikation für die eigene Arbeit ableiten. Bei der Betrachtung von Tool-bezogenen Abläufen sind in erster Linie die Ebenen M2 und M3 von Bedeutung. Ein gutes Verständnis von UML-Darstellungen, insbesondere der Klassendiagramme, erleichtert wie gesagt den Umgang mit AUTOSAR. Um den Begriff der Metamodellierung abschließend zu verdeutlichen soll eine kurze Erläuterung mit Bezug auf das ARXML-Format erfolgen[144]: Das ARXML-File kann auf der AUTOSAR-Metamodell-Ebene M2 eingestuft werden. Es handelt sich lediglich um ein Modell des XML-Formats des W3C[145] (World Wide Web Consortium), das seinerseits dem Metalevel M3 zugeordnet werden kann. Ein konkretes ausgefülltes AUTOSAR-Template im ARXML-Format kann wiederum in die Metaebene M1 eingeordnet werden.

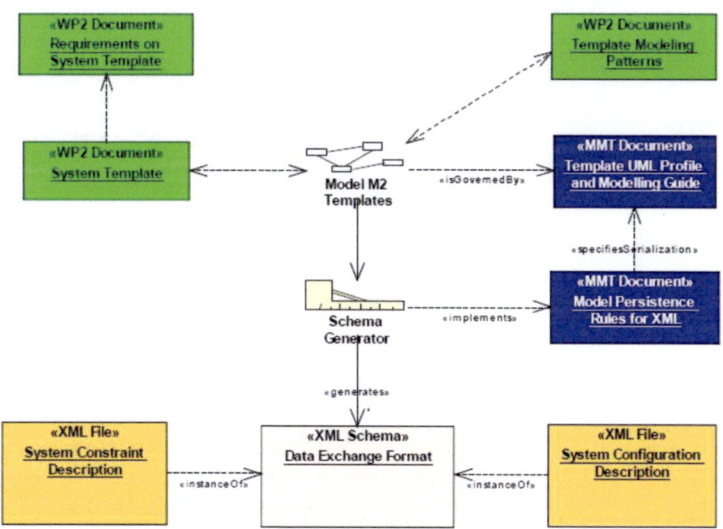

Abbildung 27: Template Definition für das System Template

---

[144] Vgl. [B49], S.6
[145] [B51]

In der *Abbildung 27* sollen exemplarisch einige der eben erläuterten Fakten dargestellt werden. Der Ausschnitt aus der Spezifikation [B52] soll zeigen wie in AUTOSAR Zusammenhänge mittels UML vermittelt werden. Es wird in diesem Fall auf das System Template eingegangen, das in Form der *System Constraint Description* und der *System Configuration Descprition* als ARXML-File im Laufe einer AUTOSAR *System Configuration* konfiguriert wird. Dieser Zusammenhang zwischen Template und ARXML ist ähnlich für andere Templates gültig. Die Darstellung beruht auf der M3-Ebene der Metamodellierung.

Eine übersichtliche Einführung zum ARXML-File bietet im Übrigen das Dokument [B54].

4.1.5 Workflow und Bezug zu AUTOSAR

Die Beschreibung von Arbeitsschritten in AUTOSAR ist mit dem Bearbeiten der bereits mehrfach angesprochenen Templates in Form von ARXML-Dateien verbunden. Die *Abbildung 28* zeigt die Struktur des AUTOSAR-Metamodells auf Basis der Meta-Ebene M3. Es handelt sich wohl um die vollständigste Übersicht der Templates. Die wechselseitigen Beziehungen unter den verschiedenen Dateien, die Importe von Metaklassen untereinander zeigen sollen, sind durch gestrichelte Pfeile dargestellt. Manche Templates, wie das *ECU Extract Of System Configuration*, sind auf der Darstellung nicht sichtbar.

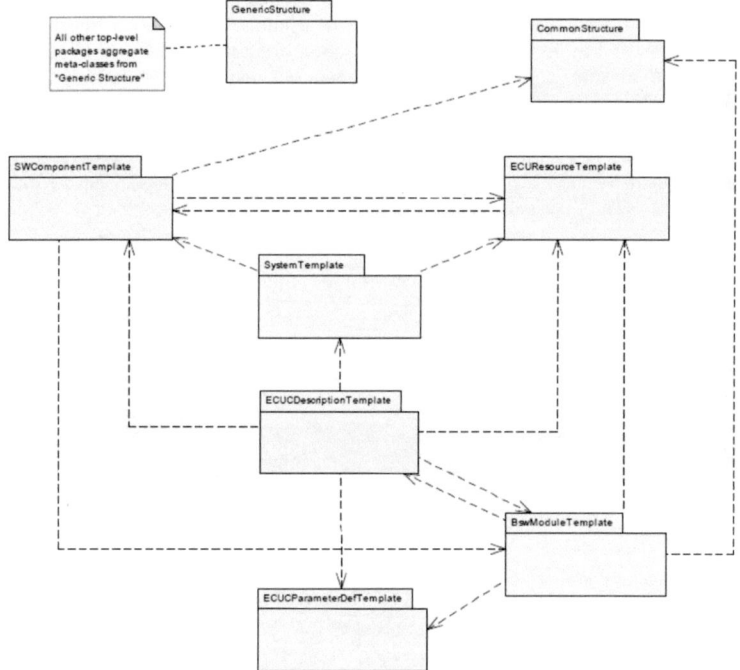

Abbildung 28: AUTOSAR-Metamodell und Übersicht der Templates

Wie es schon in der Methodology gesagt wird, sollen auch bei den Beschreibungen der hier dargelegten Arbeitsabläufe keine Verantwortlichkeiten zugewiesen werden. Es finden keine Betrachtungen der industriellen Abläufe zwischen OEM und Zulieferer statt. Es kann im Übrigen davon ausgegangen werden, dass ein Tool wie das Arctic Studio von einer Firma, wie der ITK Engineering AG, in seinem vollen Umfang genutzt werden kann. Selbstverständlich muss der Zulieferer trotzdem elementare Informationen vom OEM beziehen. Die Kommunikationsmatrix und Diagnose-Spezifikation sind an dieser Stelle zu nennen.

Der eigens von ArcCore dargestellte Workflow soll nun näher betrachtet werden. Die im Unterkapitel „4.1.4 Arbeitsgrundlage" aufgeführte **Abbildung 26** soll dafür erneut etappenweise betrachtet werden. Es muss betont werden, dass die Reihenfolge der unterschiedlichen Abläufe nicht so streng befolgt werden muss, wie es mit Blick auf den Workflow in der Abbildung den Anschein haben mag. Nichts-destotrotz empfiehlt es sich diesen zu befolgen. Auch hier sind stellenweise mehrere Iterationen, wie es in der Methodology angesprochen wurde, notwendig. Eine Änderung am Anfang des Workflows zieht z.B. meistens einen erneuten Durchlauf der Arbeitsschritte nach sich. Auch sollte gleich zu Anfang dieses Unterkapitels gesagt werden, dass man sich für die nachfolgenden Erklärungen von dem definierten Gesamtablauf der Methodology lösen muss. Bisher bildet kein AUTOSAR-Tool den gesamten Workflow vollständig ab und zum Teil sind für gewisse Schritte auch unterschiedliche Möglichkeiten vorgesehen[146]. Arctic Studio setzt in der AUTOSAR-Methodology, wie schon gesagt, nach dem Hauptschritt "Configure System" der Methodology ein: Das Mapping der SWCs auf bestimmte ECUs ist also erfolgt und Produkte wie die im Kapitel „3.3.1 Die AUTOSAR Methodology" vorgestellte *System Configuration Description* oder die ebenfalls bedeutende *System Communication-Matrix* sind bereits im Workflow erstellt worden. Arctic Studio agiert im AUTOSAR-Workflow auf der ECU-Ebene. Es sollen daher auch nur die hier relevanten Punkte beleuchtet werden. Nochmals detailliert auf Gesichtspunkte vom *System Template* einzugehen würde den Umfang der Erläuterungen sprengen. Daher werden hier z.B. Begriffe wie der VFB nicht mehr erläutert. Spezifikationen wie die bereits genannten Unterlagen [B17] und [B52] geben z.B. nähere Auskünfte zu System-Aspekten.

Arbeitsschritte:

1. **SWC Builder: „Configure Component"**

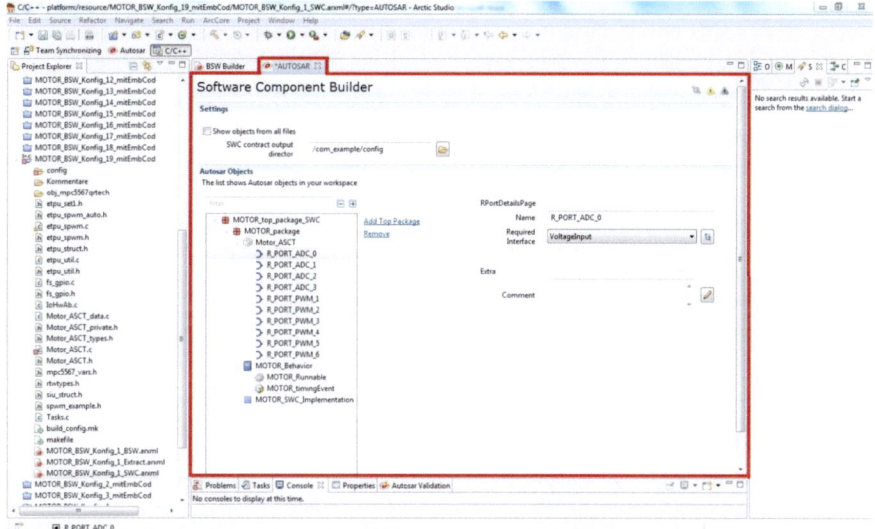

Abbildung 29: View des SWC Builder in Arctic Studio, Konfiguration des SWC Template

In der **Abbildung 26** gilt es als erstes den Schritt „Configure Component" zu betrachten. Der vorherige Schritt kann im Arctic Studio als das formale Erstellen einer ARXML-Datei betrachtet werden. Das „Configure Component" erfolgt wie in der Abbildung ersichtlich mit dem ArcCore SWC Builder. In diesem Schritt wird in Arctic Studio das erste der drei spezifischen ARXML-Files bearbeitet. Dieses kann in der AUTOSAR-Terminologie als **Software Component Template** identifiziert werden. Grundsätzlich kann man als Konfigurator mit Kenntnissen über das gesamte System im SWC Builder

---

[146] Vgl. [B53], S.149

über eine Baum-Gliederung die notwendigen Konfigurationen der für eine ECU relevanten SWCs vornehmen. Pragmatisch ausgedrückt kann man sagen, dass im SWC Builder bei diesem Arbeitsschritt ein Rahmen für die verschiedenen SWCs erstellt wird: Die innere Gliederung der SWCs für die zeitlichen Abläufe in die Runnables wird vorgenommen und die Kommunikationsschnittstellen, die sogenannten Ports werden angelegt. In der **Abbildung 29** soll exemplarisch die View des SWC Builder gezeigt werden: Ein spezieller Editor ermöglicht die Bearbeitung des *Software Component Template*. Im Gegensatz zu anderen Views, wie die des Extract Builder, bietet der SWC Builder keine verschiedenen Reiter; alle Konfigurationen erfolgen über eine einzige Ansicht. Diese View ist in der Abbildung rot eingerahmt. Zu sehen ist die Baumstruktur auf der linken Seite und Bedienelemente und Eingabefelder im rechten Bereich. Grundsätzlich, können die gewünschten Elemente wie SWCs, Ports etc., jeweils über einen Knopf „add…" rechts, neben der Baumstruktur, in letztere übernommen werden. Die Auswahl der Elemente hängt von der Ebene in der Baumstruktur und dem jeweiligen Element, das erweitert werden soll, ab.

Ganz allgemein sollte für die Arbeit an dem *Software Component Template* auf jeden Fall ein gewisses System Verständnis vorhanden sein. Dies gilt für allgemeine Grundzüge, wie sie in der Spezifikation zum VFB [B17] geschildert werden und auch für die spezifischen Kenntnisse zum jeweiligen System, dem das Steuergerät eines bestimmten Projektes angehört. Es sollte beispielsweise bekannt sein, welche Signale aus der BSW bezogen und welche dorthin ausgeben werden müssen, welche Kommunikationsverhältnisse zwischen den auf das betrachtete Steuergerät gemappten SWCs bestehen und wie die zeitlichen Abläufe der verschiedenen Runnables, die Task Zykluszeiten, sind. Der allgemeine Bezug zwischen einer SWC und dem Steuergerät muss demnach ebenfalls geklärt sein, und Spezifikationen, wie die der RTE in [B21] bieten hierfür gute Informationen.

Um die Vorgänge, die im SWC Builder getätigt werden besser zu erläutern, lohnt sich ein Blick in die Spezifikation des *Software Component Template* [B22]. Die erste äußerst informative Graphik, die dort aufzufinden ist, entspricht der **Abbildung 30**. Der Auszug aus dem AUTOSAR Metamodell zeigt deutlich, wie das *Software Component Template* zur Beschreibung einer SWC drei hierarchische Ebenen differenziert[147] - in UML wird der Zusammenhang als „gerichtete Assoziation" bezeichnet. Es handelt sich dabei von oben nach unten um folgende Ebenen, zu denen der Verweis noch weitere Auskünfte gibt:

- Die System-Ebene – Virtual Functional Bus level, auf welcher die SWC-Einheiten definiert werden und die die abstrakteste Ebene darstellt.
- Die Laufzeitebene – Run-Time-Environment level, auf der man die Runnables, denen im weiteren Workflow noch die notwendigen Zykluszeiten zugeordnet werden, definiert.
- Die konkreteste Ebene, die Implementierungsebene – Implementation level, auf der die Inhalte der Runnables einer SWC festgelegt werden.

Der SWC Builder ermöglicht hier Eingriffe in den beiden obersten Ebenen. Implementierungsaspekte, also die Gestaltung einer Applikation in Form von C-Code für ein bestimmtes Runnable, werden hier nicht erledigt. Diese Implementierung der Applikation wird in Arctic Studio nicht weiter definiert. Man kann diese Aufgabe natürlich durch Erstellen oder Einbinden von C-Dateien oder auch mit Hilfe von speziellen Code-Generatoren wie TargetLink[148] der dSPACE GmbH[149] bewältigen. Auf das Zusammenspiel mit solchen Code-Generatoren, die in AUTOSAR als BMT[150] (Behaviour Modeling Tool) bezeichnet werden, wird wie gesagt noch eingegangen. Es sei an dieser Stelle an das Unterkapitel dieser Arbeit „3.3.1 Die AUTOSAR Methodology" erinnert, indem die separate Stellung der Code-Implementierung der SWCs in AUTOSAR angesprochen wurde.

---

[147] [B22], S.18 ff.
[148] [B82]
[149] dSPACE: digital signal processing and control engineering GmbH
[150] [B55], S.9

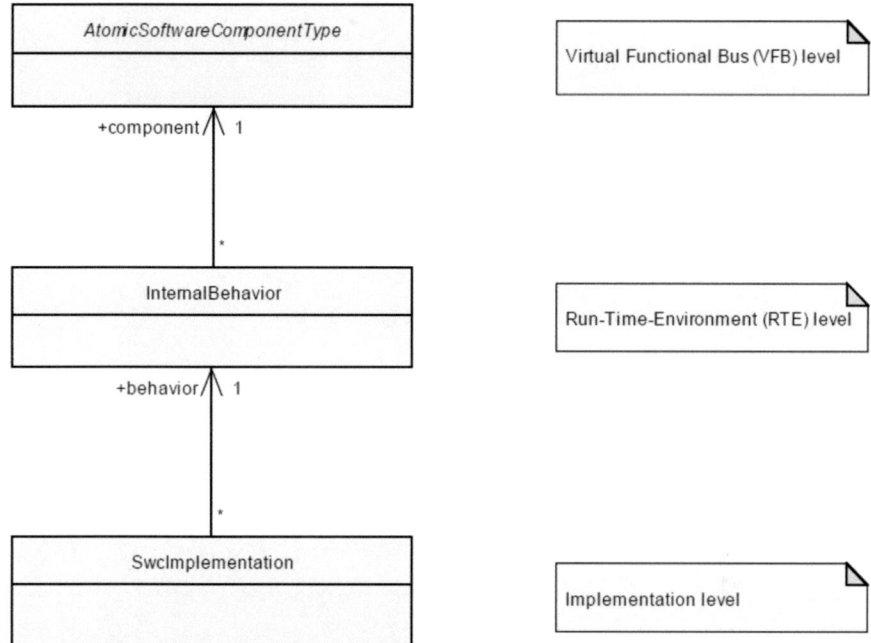

Abbildung 30: Drei Ebenen des SWC Template

Ein Rückblick auf die Baumstruktur in der **Abbildung 29** soll den Bezug zu den eben gegebenen Erläuterungen herstellen. Der SWC Builder bietet in den ersten zwei Ebenen sogenannte Packages, die in AUTOSAR-Tools als optionale Übersicht-Features dienen sollen[151]: Über diese kann der Anwender eine eigene Strukturierung vollziehen. Ab der dritten Ebene spiegelt sich die eigentliche Gliederung des AUTOSAR Metamodells wieder. Betrachtet man z.b. den dem gängigen Begriff der SWC entsprechenden AUTOSAR-Typ *AtomicSoftwareComponentType*, können in dieser Ebene der Baumstruktur im SWC Builder z.b. normale SWCs des Typs *ApplicationSoftwareComponentType* aber auch z.B. SWCs des *ComplexDeviceDriverComponentType* in das Template integriert werden. Die **Abbildung 31** soll hier den entsprechenden Einblick in das Metamodell mit der betrachteten Gliederung in UML-Unterklassen des *AtomicSoftwareComponentType*, im unteren Teil, liefern. Für das betrachtete Beispiel aus der **Abbildung 29** lohnt es sich nun die Gliederung der dritten Ebene der Baumstruktur zu betrachten. In dieser Ebene spiegelt sich die Struktur der **Abbildung 30** wieder. Man kann eine Software-Komponente mit dem Namen „Motor_ASCT" sehen. Dieser Punkt spiegelt die VFB-Ebene der Komponente wieder. Ein *AtomicSoftwareComponentType* wird benannt. Auf RTE-Ebene wird dieser SWC ein gewisses *InternalBehaviour* mit dem Beispiel-Namen „MOTOR_Behaviour" zugeordnet. Auf der Ebene der *SWCImplementation* wird der SWC dementsprechend eine gewisse Implementierung zugeordnet, die in diesem Fall den Namen „MOTOR_SWC_Implementation" trägt.

---

[151] [B56], S.40 ff.

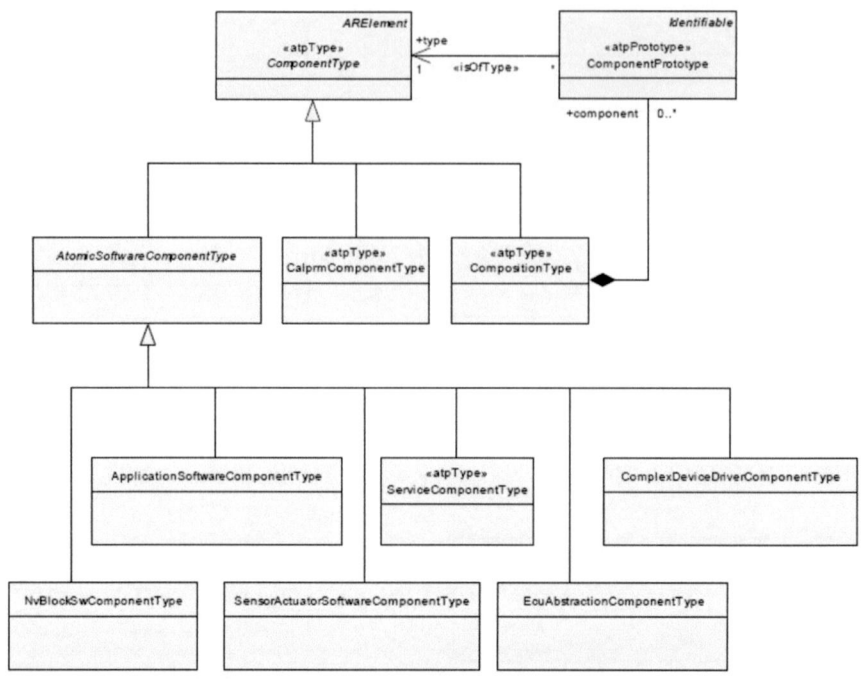

Abbildung 31: UML-Unterklassen des AtomicSoftwareComponentType

Wichtig ist es nie den Bezug zwischen einer SWC mit ihren Ports, ihren Runnables und der Implementierung aus den Augen zu verlieren. Die Tatsache, dass im SWC Builder eben nur eine Art AUTOSAR Rahmen für SWCs erstellt wird, sollte immer klar sein. Im SWC Builder ist es z.B. möglich, einer Software-Komponente des Typs *ApplicationSoftwareComponentType* in der dritten Ebene der Baumstruktur unter seinem *InternalBehaviour* seine Runnables zuzuweisen. Diese Zuweisung erfolgt in der vierten Ebene der Baumstruktur. Dabei kann ein Name für einen C-Code-Aufruf vergeben werden. Dieser Name bildet eine Schnittstelle zwischen dem Code, der eigens außerhalb des SWC Builder für ein Runnable innerhalb einer SWC implementiert wird, und der RTE, welche die Kommunikation mit der BSW der ECU ermöglicht. Der RTE-Aufruf des Runnables ist daher von besonderer Bedeutung und stellt ein Bindeglied zwischen dem Code der Applikation und dem restlichen Steuergräte Code im Arctic Studio-Projekt dar. Auch die Namen der Ports, die für jeden Port im Feld „Name" vergeben werden können, bestimmen im C-Code die Aufrufe zwischen einer SWC und der RTE.

Wie es später nochmals angesprochen wird, kann die Ansicht im SWC Builder auf alle drei ARXML-Files in einem Projekt über den Haken „Show Objects from all files" erweitert werden.

Da die eben beschriebenen Arbeitsschritte den Anfang einer Abfolge von AUTOSAR-Konfigurationen bilden, ist es sinnvoll sich vor dem Weiterführen der Konfigurationen von der Richtigkeit der vorgenommenen Einstellungen zu überzeugen. Dafür kann eine Arctic Studio spezifische AUTOSAR-Validierung, über das Klicken eines gelben Warndreiecks oben rechts in jeder View, wie in der **Abbildung 25** oder der **Abbildung 29** sichtbar, vorgenommen werden. Validierung soll in keiner Weise heißen, dass die Einstellungen bei der Erstellung einer Embedded Funktionalität zielführend oder für das jeweilige Projekt vollständig sind. Vielmehr soll dem Nutzer bestätigt werden, dass die vollbrachten Einstellungen mit AUTOSAR kompatibel sind.

2. Extract Builder (1): „Connect Components"

Der folgende Schritt, der im Arctic Studio Toolchain Workflow der **Abbildung 26** vorgesehen ist, wird „Connect Components" genannt. Die Schritte, die mit „Create..." im Toolchain Workflow gekennzeichnet sind, können wie schon gesagt als Erstellen von ARXML-Files, die im Nachhinein editiert werden sollen, betrachtet werden und sind daher fachlich vernachlässigbar. Ein Abschnitt aus der Spezifikation des *System Template*[152], das beispielsweise in Form der *System Configuration Description* aus der Methodology bekannt ist, ermöglicht es Informationen zu den hier vorgenommenen Tätigkeiten zu beziehen: Dort wird das **ECU Extract of the System Configuration Description**, das auch schon im Unterkapitel zur Methodology erwähnt wurde, näher angesprochen. Das *ECU Extract of the System Configuration,* das als Input für den Schritt *Configure ECU* in der Methodology bekannt ist, wird dort als ein Teil der *System Configuration Description* bezeichnet. Es entspricht einer *System Configuration Description,* aus der die für ein spezifisches Steuergerät relevante Information herausgefiltert und aus der die z.B. Informationen zur Topologie des restlichen Systems entfernt wurden. Dieses „Herausfiltern" ist mit gewissen Besonderheiten verbunden, die in der Spezifikation, auf die verwiesen wurde, vertieft werden. So müssen z.B. Informationen, die SWC-Ports der Applikation mit anderen ECUs über die BUS-Kommunikation austauschen, erhalten bleiben, um die entsprechenden Kommunikationspartner weiterhin zuordnen zu können.

Die **Abbildung 32** zeigt die Ansicht auf die View des Extract Builder. Ein bedeutender Unterschied in der ersten Betrachtung gegenüber dem SWC Builder besteht darin, dass dieses Plug-In von ArcCore AUTOSAR-Konfigurationen über verschiedene Reiter ermöglicht. Diese sind in der Abbildung rot eingerahmt worden. Es handelt sich dabei von links nach rechts um „Components", „Port Mappings", „Outer Ports" und „Implementation Mappings". Für den Anfang sind vor allem die beiden ersten Reiter von Bedeutung.

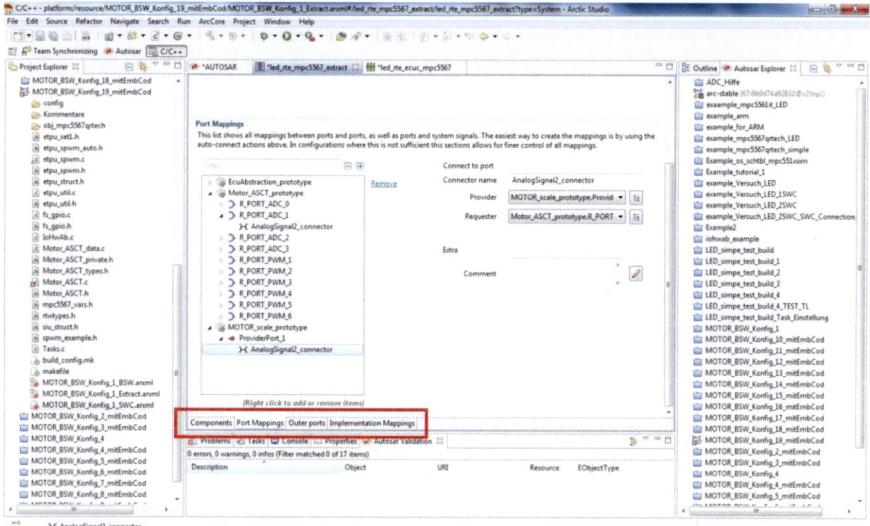

Abbildung 32: Reiter „Port Mappings" im Extract Builder

Der Bezug des aktuell im Extract Builder bearbeiteten ARXML-Files zu den oben gegebenen Erläuterungen zum *ECU Extract of the System Configuration* lässt sich aus dem bisher gegebenen Kontext noch nicht erschließen. Tatsache ist, dass im betrachteten Workflow, wie er von ArcCore beschrieben wird, nicht ein in der Methodology erläutertes automatisches „Extrahieren" von für eine ECU relevanten Informationen aus der *System Configuration Description* stattfindet. Stattdessen ist eher vorgesehen, dass die Funktionstopologie aus SWCs für eine ECU im SWC-Builder, wie es im vorherigen Abschnitt angesprochen wurde, nachgebildet wird. Konkret läuft dies wie folgt ab: Im

---
[152] Vgl. [B52], S.211 und S.217 ff.

SWC Builder wird eine Art Sammlung der SWCs, die für eine ECU relevant sind, erstellt. Dabei sollten auf jeden Fall die Strukturierung und die Schnittstellen eingehalten werden, die auf der Systemebene für die Applikationssoftware dieser ECU definiert wurden. Nun wird auch die Bezeichnung „Create Component Library" für den ersten Schritt im SWC Builder aus dem Toolchain Workflow nachvollziehbar. Die im aktuellen Arbeitsschritt zu erledigende Aufgaben sind dann hauptsächlich:

- Aus dem mit dem SWC Builder erstellten Software Component Template werden benötigte SWCs auf das betrachtete Steuergerät gelegt. Es handelt sich dabei um eines der AUTOSAR-Mappings[153]: Erstellte SWCs werden hierbei auf das Steuergerät instanziiert. Aus einem *ComponentType* wird dabei durch die Festlegung einer speziellen Umgebung auf einer ECU, ein sogenannter *ComponentPrototype*. Die **Abbildung 33** soll dieses Verhältnis zwischen Typ und Prototyp aus dem AUTOSAR Metamodell wie es für UML bekannt ist, wiedergeben[154]. Das Mapping wird per Drag & Drop unter dem Reiter „Components" im Extract Builder vollzogen.

- Die nächste Teilaufgabe erfolgt in dem Reiter „Port Mappings". Die eigentliche Bezeichnung von ArcCore „Connect Components" für die in diesem Schritt getätigten Aufgaben wird im Folgenden erklärt. Beim Blick in die Erklärungen von ArcCore in [B44] fällt auf, dass der vorherige elementare Schritt nicht auftaucht. Vorgesehen ist, dass an dieser Stelle die Kommunikationsstrukturen unter den Applikations-SWCs der betrachteten ECU durch Festlegung der Konnektoren erstellt werden. Es sollte betont werden, dass hier lediglich die Konnektoren zwischen den Applikations-SWCs und nicht zwischen Applikations-SWCs und BSW festgelegt werden. Es sei auf das Beispiel in der **Abbildung 32** hingewiesen, indem ein PPort der SWC „MOTOR_scale_prototype" über einen Konnektor mit dem RPORT der SWC „Motor_ASCT_prototype" verbunden wird.

Auf die Kommunikationsstrukturen unter den Runnables, die auf den sogenannten *InterRunnable-Variables* basieren, kann nicht weiter eingegangen werden. Ebenso wird der Fall der Kommunikation von SWC-Ports mit anderen ECUs an dieser Stelle nicht vertieft. Es sei hier aber auf den Reiter „Outer Ports" des Extract Builder verwiesen.

Man kann somit feststellen, dass mit den vollbrachten Arbeitsschritten die erstellte Informationsbasis derjenigen des eingangs beschriebenen *ECU Extract of the System Configuration* weitestgehend entspricht. Der Name „Extract Builder" wird daher verständlicher. Auch hier kann wieder die am Ende des vorherigen Abschnittes erwähnte AUTOSAR-Validierung des Arctic Studio über das gelbe Warndreieck im oberen rechten Eck der View im Extract Builder aufgerufen werden.

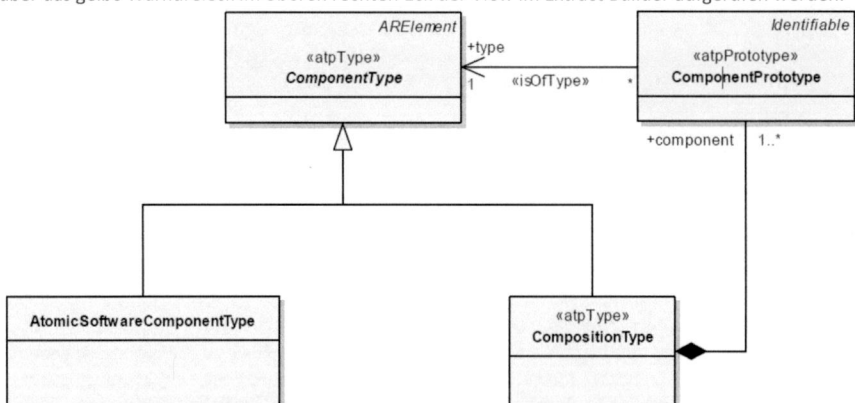

Abbildung 33: ComponentType und ComponentPrototype des AUTOSAR-Metamodells

---

[153] Vgl. [B16], S.15
[154] Vgl. [B46], S.13 ff.

3. BSW Builder (1): „Configure Com and IO Hardware Abstraction"

Der Schritt "Configure Com and IO Hardware Abstraction" des ArcCore Toolchain Workflows leitet den Anfang der BSW-Konfiguration ein. Für die Tätigkeiten mit dem BSW Builder und dem RTE Builder kann ein naher Bezug zur Methodology und dem Schritt *Configure ECU* hergestellt werden. Dieser wurde auch mit der **Abbildung 16** unter dem Begriff *Generate Base ECU Configuration* detailliert dargestellt. Ein Rückblick in das Unterkapitel zur Methodology ist auch hier wieder sehr hilfreich. Ebenfalls von großer Bedeutung sind alle Erklärungen, die bezüglich der architektonischen Festlegungen von AUTOSAR, wie in der **Abbildung 19** veranschaulicht, gemacht wurden. Die einzelnen Module sind in der Spezifikation mit eigenen Dokumenten näher definiert und alle notwendigen Informationen können eingesehen werden. Man beachte, dass mit den unterschiedlichen Releases des Standards verschiedene Ausarbeitungsgrade für bestimmte Module festliegen und ebenfalls das Sortiment an Modulen in den neuen Releases erweitert wurde.

Die **Abbildung 34** liefert exemplarisch eine Ansicht auf den BSW Builder. An dieser Etappe des Toolchain Workflows sind zwar nur einige Module der BSW zur Konfiguration vorgesehen, da aber in der Abfolge der vorgesehenen Arbeitsschritte nochmals auf dieses Tool eingegangen wird, wird die Vorstellung der View auf den BSW Builder jetzt vorgenommen. Gleich erkennbar ist mit Blick auf den Editor des ARXML-Files, dass erneut mehrere Reiter zur Wahl offen stehen. Im Vordergrund steht der Reiter „Overview", der für jede Konfiguration im BSW Builder, wie auch im Beispiel aus der **Abbildung 34**, geöffnet ist. Primärer Zweck des zuletzt vorgestellten Reiters ist die Auswahl, der für eine ECU benötigten Module. Der Begriff Modul soll hier so, wie er am Ende des Unterkapitels „3.3.2 Die AUTOSAR-Architecture" erklärt wurde, verstanden werden. Die Hilfe von ArcCore zu dem BSW Builder weist Informationen zu den Modul-Konfigurationen auf, und dem Nutzer sei empfohlen über die eingangs angesprochene Help-Funktion Hilfestellungen zu den vorhandenen Modulen zu beziehen. Eine Grundauswahl an Modulen, wie z.B. OS oder MCU (Microcontroller Unit) ist für eine Konfiguration der AUTOSAR-BSW zwangsläufig notwendig. Die betroffenen Module sind daher standardmäßig in der Konfiguration ausgewählt. Die Besonderheit des BSW Builder besteht darin, dass für jedes Modul ein eigener Reiter zur Einzel-Konfiguration geöffnet werden muss, diese können je nach Bedarf auch geschlossen werden. Eine spezielle Stellung hat der Reiter „Service Components". Unabhängig von den gewählten Module, bleibt dieser Reiter im BSW Builder geöffnet. Auf den oft verwendeten Begriff der „Services" wird gleich noch eingegangen.

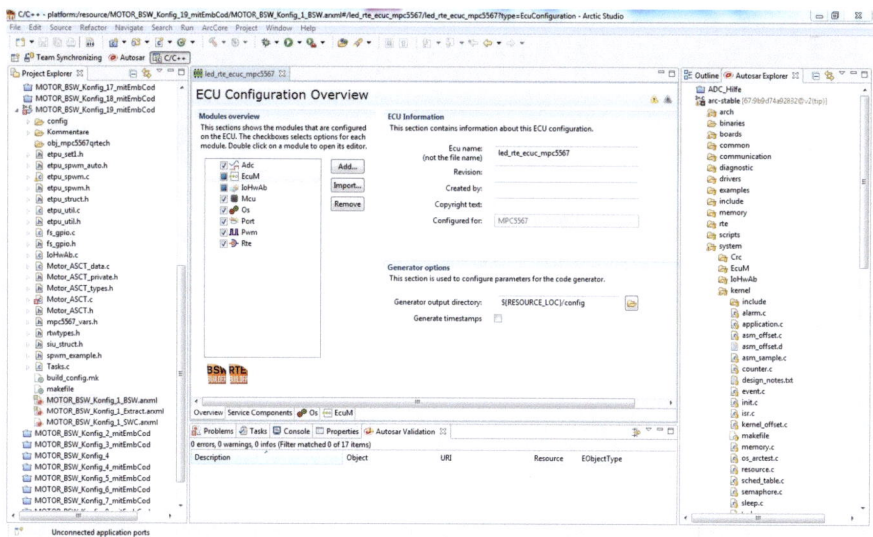

Abbildung 34: View des BSW Builder in Arctic Studio, Übersicht der BSW-Module

Der Name „Configure Com and IO Hardware Abstraction" soll darauf hinweisen, dass in diesem Schritt hauptsächlich die Module COM und IoHwAb konfiguriert werden sollen. Bei dem Modul COM[155] – Communication – handelt es sich um ein mächtiges Modul, dessen Konfiguration z.B. für die BUS-Kommunikation der ECU benötigt wird. Hier soll nicht weiter auf dieses Modul eingegangen werden. Es soll aber gesagt werden, dass auch der Import von Kommunikationsdateien wie dbc[156]-Formaten für die Konfiguration verwendbar ist – zum aktuellen Zeitpunkt wird noch kein fibex[157]-Format unterstützt. Das Modul IoHwAb[158] wird zum Weiterleiten z.B. von Signalen zwischen PWMs (Puls-Width Modulation) oder ADCs und der Applikationsebene benötigt. Den hier konfigurierten Modulen wie COM und IoHwAb ist gemeinsam, dass durch ihre Konfiguration neue Schnittstellen in Form von Ports, Interfaces oder Signalen für die Applikationsebene bereitgestellt werden. Die Interfaces müssen dazu explizit geladen werden. Von besonderer Bedeutung ist bei diesen Modulen nach der Konfiguration über die View eine besondere Funktion des BSW Builder, die ausschließlich für diese Module – EcuM (ECU Manager), Dcm (Diagnostic Communication Manager), IoHwAb, COM etc. – bereitgestellt wird. Der Button „Generate system model for this module" ermöglicht es die Konfigurationen zu generieren und in erster Linie z.B. neu erstellte Schnittstellen für die Applikationsebene im Extract Builder und SWC Builder sichtbar zu machen. Die **Abbildung 35** soll eine einfache Übersicht über bestimmte Module, die diese spezielle Funktion vorweisen, liefern. Die Module wurden rot eingerahmt und die Funktion wird durch den grünen Pfeil angedeutet.

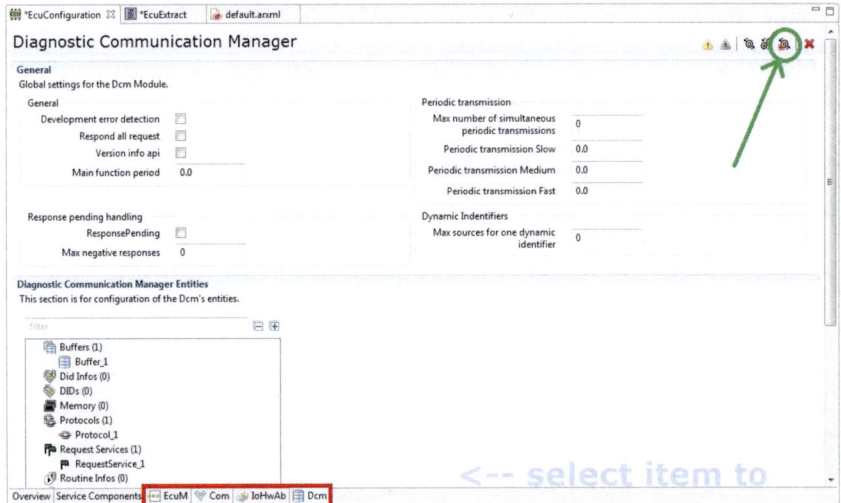

Abbildung 35: View des BSW Builder und Button „Generate system model for this module"

An dieser Stelle nicht im Toolchain Workflow angesprochen, aber trotzdem von großer Bedeutung sind die AUTOSAR eigenen Services: Kapitel wie „5.3 Configure AUTOSAR Services" und "6.1 Relationship with Services" der Methodologie, [B16], heben die besondere Stellung der Servives in der Methodology hervor. Die meisten Stellen der Spezifikation ermöglichen es nur spärliche Informationen zu dem Begriff „Services" in AUTOSAR zu beziehen. So heißt es z.B. im Unterkapitel „2.3.3.1 Generating the ECU Composition" der Spezifikation zur ECU Configuration, [B53]: „*AUTOSAR BSW Services are modules like the NvRam Manager, the Watchdog Manager, the ECU State Manager, etc.*". Die AUTOSAR Spezifikation ermöglicht keine einfache Klärung des Begriffs „Services"

---

[155] [B57]
[156] Vgl. [B59]
[157] Vgl. [B11]
[158] [B58]

und nur die gebündelte Information aus verschiedenen Teilbereichen der Spezifikation erlaubt es, sich ein Bild von diesem Begriff zu machen.

Ein Blick in [B22], genauer das Unterkapitel „10.1 Overview: Generation of Service-related Model Elements" ist wiederum aussagekräftiger: „*AUTOSAR Services can be seen as a hybrid concept between Basic Software Modules and a ComponentType. AUTOSAR Services actually provide access to low-level and ECU-wide "standard functionalities" commonly referred to as "service"*". An dieser Stelle wird eine detaillierte Übersicht der für die AUTOSAR Services benötigten Arbeitsschritte gegeben und darauf hingewiesen, dass viele Abläufe Tool-intern geregelt werden.

Den AUTOSAR Services wird der eigene Typ *ServiceComponentType* im AUTOSAR-Metamodell zugeordnet[159]. Die vorherige Aussage, nach der AUTOSAR Services als eine Art Hybrid-Konzept zwischen den BSW-Modulen und dem *ComponentType* betrachtet werden können, ist für das Verständnis hilfreich. Es wird somit auch klarer, warum im BSW Builder ein eigener Reiter „Services" vorhanden ist. Es sei noch darauf hingewiesen, dass bei den Service-Modulen, wie den erwähnten EcuM und Dcm der vorhin erwähnte Button „Generate system model for this module" von Bedeutung ist. Durch diese Generierung wird im Reiter „Services" eine eigene SWC für das BSW-Modul angelegt. Der verwendete Begriff „Hybrid" ist also passend. Neben den Ports der Applikation, die Daten untereinander austauschen, und den Ports, die Informationen von anderen ECUs anfordern, benötigen andere Ports der Applikations-SWCs noch Verbindungen zu den Service-Modulen der BSW, um z.B. mit Hilfe des Moduls EcuM ein Modemanagement durchzuführen[160].

Die in diesem Arbeitsschritt des Workflows getätigten Vorgänge kann man in der Methodology den Schritten *Generate ECU SW Composition* und *Configure Service Component*, die unter „5.3 Configure AUTOSAR Services" in [B16] näher erläutert werden, zuordnen. Die von der Applikation benötigten Service-Komponenten werden mit entsprechender Anzahl an Ports erstellt. Für die Service-Komponenten werden zudem ein *InternalBehaviour* und eine *Implementation* festgelegt und direkt die Konnektoren zu den Applikations-SWCs vom Konfigurator erstellt. Allgemein gesagt dient dieser Schritt dem Vervollständigen von Informationen, die später für die Erstellung der RTE nötig sind. Es kann im Rahmen der Arbeit nicht weiter auf die Services und deren Konfiguration eingegangen werden. Die vorherigen Erläuterungen und Verweise sollen hierzu eine Übersicht bieten. „"

4. SWC Builder (2): „Assign BSW Generated Interfaces"

Der Schritt „Assign BSW Generated Interfaces" des Toolchain Workflows soll im Folgenden erläutert werden. Wichtig ist es, an dieser Stelle zu verstehen, dass der SWC Builder nicht ausschließlich Einsicht in die gängigen SWCs der Applikationsebene gewährt. Wie es bereits im vorherigen Abschnitt angesprochen wurde, weisen bestimmte BSW-Module wie die klassischen Service-Module oder das IoHwAb-Modul[161] durch ein Hybrid-Konzept eine Eigenschaft als SWC auf: Bei einem Modul wie dem IoHwAb wird die Anzahl und Art der Schnittstellen dabei vom Konfigurator selbst so angepasst, dass die Bedürfnisse der Applikationsebene abgedeckt werden. Dies wurde im vorherigen Abschnitt bereits erwähnt.

Anhand der **Abbildung 36**, auf der eine fokussierte Ansicht in die View des SWC Builder zu sehen ist, sollen weitere Erklärungen folgen. Für die hier angesprochene Konfiguration, muss man die im ersten Teil zum SWC Builder genannte Ansichtserweiterung „Show Objects from all files" – mit einem grünem Pfeil in der Abbildung hervorgehoben – nutzen, um SWC-bezogene Informationen aus den drei ARXML-Files in einem Projekt einsehen zu können. Deutlich zu erkennen ist, dass nun alle drei ARXML-Files des Projektes eingeblendet werden. Nur die beiden Files, die in der Standard-View des SWC Builder nicht vorhanden sind, werden namentlich eingeblendet. In dem dargestellten Beispiel soll in erster Linie darauf aufmerksam gemacht werden, dass in der dritten Ebene der Baumgliederung nun auch die im vorherigen Schritt des Workflow mit dem BSW Builder erstellten Module in Form von SWCs zu sehen sind. Hervorgehoben ist in der gezeigten Abbildung die

---
[159] [B22], S.258
[160] Vgl. [A8], S.94 ff.
[161] [B58], S.41

Gliederung in *AtomicSoftwareComponentType*, *InternalBehaviour*, und *SWCImplementation*, wie sie bereits in der **Abbildung 30** vorgestellt wurde. Die Einsicht in das dem *ECU Extract of the System Configuration Description* entsprechende ARXML-File wird an dieser Stelle nicht weiter vertieft.

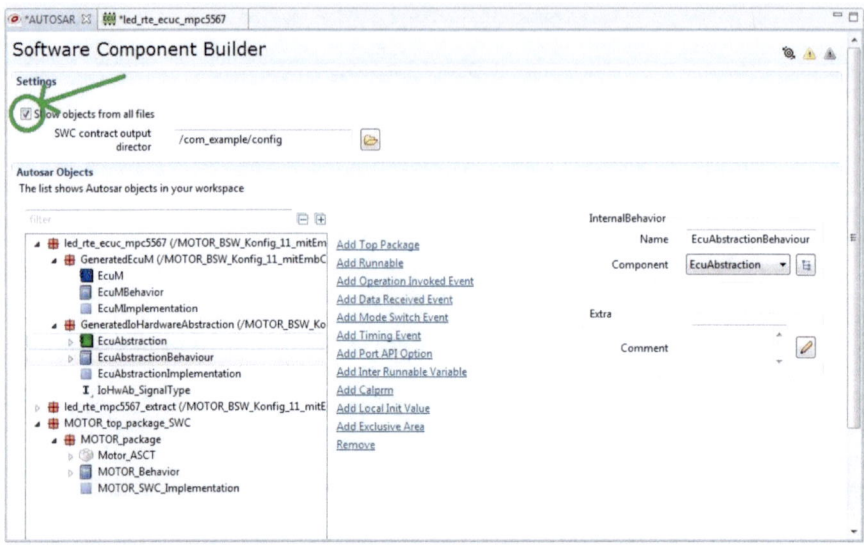

Abbildung 36: View des SWC Builder und Option „Show Objects from all files"

Als Anwendungsbeispiel für das Automotive Umfeld sei für die Konfigurationen in diesem Abschnitt ein Beispiel mit dem CAN-BUS genannt. Bei der Konfiguration des COM-Moduls mit dem BSW Builder im Rahmen einer CAN-BUS-Kommunikation des Steuergeräts, wie sie im letzten Abschnitt genannt wurde, kann z.B. ein dbc-File importiert werden. Über diese Datenbank zur CAN-Kommunikation können Steuergeräte-spezifische Signale ermittelt werden. In der Schicht des COM-Moduls werden PDUs (Protocol Data Unit) für die ECU gebündelt. Wie die **Abbildung 37** zeigt, können auch diese PDUs, welche die Kommunikation zwischen der Applikationsebene der ECU und dem BUS-System ermöglichen im SWC Builder eingesehen werden. Ihre Bezeichnung lautet dort „System Signal". Diese Nachrichten werden im SWC Builder in einem eigenen Package angezeigt. Voraussetzung ist, dass das COM-Modul nach dem Import einer dbc-Datei mit dem Button „Generate system model for this module" als SWC erstellt wurde. Für die CAN-Kommunikation auf Applikationsebene ist es nun wichtig, ein eigenes Sender-Receiver-Interface zu definieren. Dieses kann dann den entsprechenden Ports zugeordnet werden, und im folgenden Abschnitt können Signale und Ports im Reiter „Outer Ports" des Extract Builder gemappt werden.

Auch andere Module, wie z.B. IoHwAb und EcuM erlauben für ihre Konfiguration, wie sie im vorherigen Abschnitt angesprochen wurde, das Laden bestimmter Interfaces. Wie dies möglich ist, wird am Ende des folgenden Abschnittes „BSW Builder (2): Configure Other BSW Modules" noch angesprochen. Erst nach diesem Laden kann einem Port, der mit einem BSW-Modul wie dem IoHwAb-Modul kommunizieren soll, ein Interface zugeordnet werden.

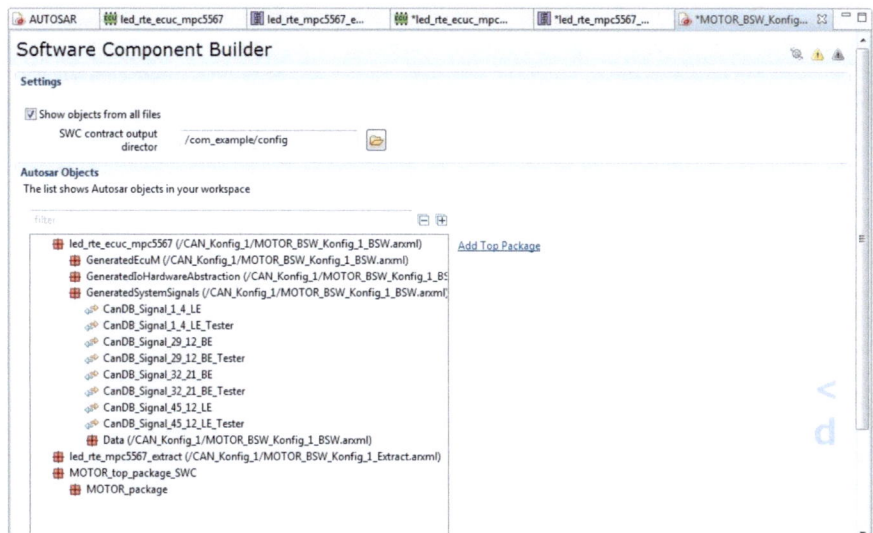

Abbildung 37: View des SWC Builder und Ansicht auf PDUs

5. **Extract Builder (2): „Connect BSW signals and ports"**

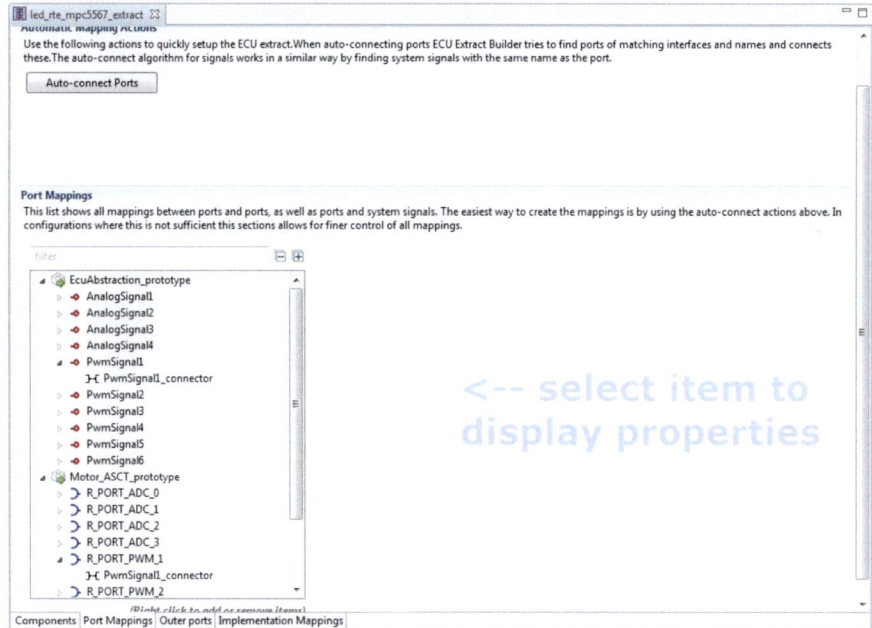

Abbildung 38: View des Extract Builder, „Connect BSW signals and ports"

Der nun angesprochenen Schritt „Connect BSW signals and ports" wird in den Reitern „Port Mappings" und „Outer Ports" des BSW Builder vollzogen. Es geht bei diesem Arbeitsschritt grundsätzlich darum, die Kommunikationsbeziehungen auf dem Steuergerät zu vervollständigen. Dieser Arbeitsschritt weist somit eine große Relevanz auf. Er ist für die Kommunikation auf der ECU über die RTE unabdingbar. Wie es im ersten Abschnitt zum Extract Builder angesprochen wurde, wird auch diesmal im Reiter „Port Mappings" die Verbindung zwischen den Ports hergestellt. Es handelt sich dabei, wie im Unterkapitel „3.3.3 Die AUTOSAR Interfaces" vorgestellt, um die sogenannten *Connectors*. Der Unterschied zu den vorherigen *Connectors* ist hier lediglich, dass diese eine Verbindung zwischen der BSW und dem Application Layer herstellen. Die Ansicht des Extract Builder entspricht einer VFB-Perspektive. Die Kommunikationsbeziehungen zwischen den verschiedenen Komponenten sind einsehbar. Man erkennt beispielsweise eine Komponente „EcuAbstraction_prototype", die der Applikationsebene über ein Client/Server Interface Zugriff auf I/Os ermöglicht[162]. Das Einsehen der Seite 23 in [B17] ist für diese Komponenten-Betrachtung der BSW hilfreich.

In der **Abbildung 38** soll beispielhaft gezeigt werden, wie die weiteren Konnektoren zwischen der BSW und der Applikationsebene gelegt werden können. In diesem Fall werden verschiedene Ports aus dem IoHwAb-Modul, die in der Abbildung unter der SWC „EcuAbstraction_prototype" zu finden sind, mit Ports der Applikations-SWC „Motor_ASCT_prototype" verbunden. Beispielhaft kann man den Konnektor zwischen einem RPort und einem PPort für ein PWM-Signal sehen. Um näher auf die Datenbasis einzugehen, die den Konfigurationen im Arctic Studio zugrunde liegt, soll an dieser Stelle noch auf die **Abbildung 39** verwiesen werden. Ein Vorher-Nachher-Vergleich soll zeigen, wie das Erstellen solcher Konnektoren sich auf das konfigurierte ARXML auswirkt. Das Compare-Plug-In des Universal-Editors Notepad++[163] zeigt deutlich, wie das ARXML-File nach dieser Konfiguration erweitert wurde. Gegenüber der Datei auf der linken Seite, ist in der rechten Datei sichtbar wie die XML-Struktur um zahlreiche Einheiten des Elements „Connectors" erweitert wurde.

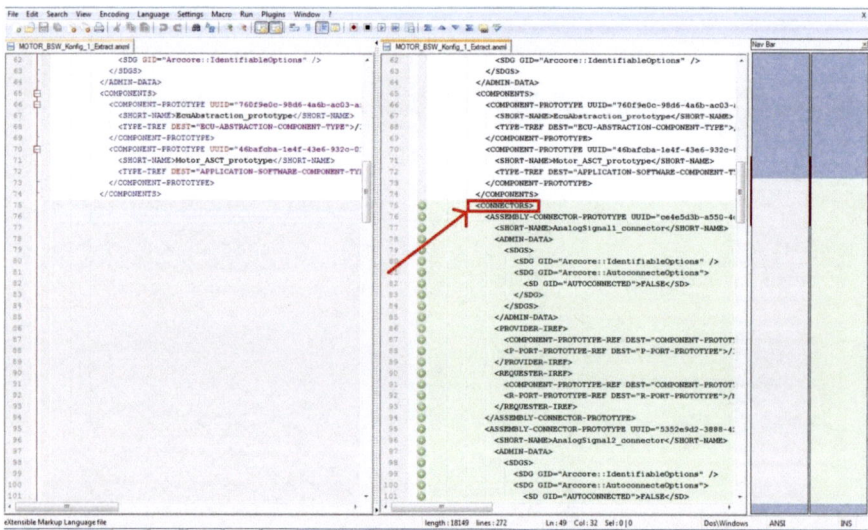

Abbildung 39: Vom Extract Builder hinzugefügte Connectors in der ARXML Datei

6. **BSW Builder (2): „Configure Other BSW Modules"**

Der Schritt „Configure Other BSW Modules" leitet das Ende der AUTOSAR-Konfigurationen ein. Man sollte sich durch den nicht sehr konkreten Namen dieses Arbeitsschrittes keinesfalls täuschen lassen. Diese Konfigurationen können je nach Bedarf an Modulen einen großen Umfang annehmen. Nicht nur durch das Ausmaß der möglichen Konfigurationen, sondern auch mit Blick auf die Tatsache, dass das Arctic Studio bezogen auf die Arbeitsschritte der AUTOSAR Methodology vor allem die ECU-

---

[162] Vgl. [B17], S.25
[163] [B60]

Ebene abdeckt, wird die zentrale Stellung des BSW Builder in der ArcCore Toolchain deutlich. Dies macht auch folgender Hinweis aus der Methodology deutlich, der bezüglich des Schrittes *Configure ECU* aussagt: *„The configuration of the ECU is a non-trivial design step, which requires complex design algorithms and engineering knowledge"*[164]. Detaillierte Kenntnisse über technische Funktionalitäten des Embedded-Bereiches sind demnach im Umgang mit dem BSW Builder gefragt. Auch wenn von technischen Besonderheiten der in einem Projekt genutzten Hardware abstrahiert werden soll, muss der Konfigurator je nach gewünschten Funktionalitäten z.b. mit den Funktionsweisen von BUS-Systemen, ADUs oder anderen Technologien vertraut sein. Grundwissen über die μC-Technik wie z.B. über Abläufe im OS ist ebenfalls unabdingbar.

Das vom BSW Builder bearbeitete ARXML kann allgemein als die **ECU Configuration Description** identifiziert werden. Beim ersten Schritt mit dem BSW Builder wurde schon darauf hingewiesen, dass die Abläufe in diesem Tool den Beschreibungen der Methodology für den Schritt *Configure ECU* folgen; insbesondere die im dritten Kapitel dieser Arbeit gezeigte *Abbildung 15* sollte für das Verständnis zu diesen Konfigurationen betrachtet werden. Laut AUTOSAR Spezifikation kann der BSW Builder als sogenannter *AUTOSAR ECU Configuration Editor* betrachtet werden[165]. In AUTOSAR wird oft vereinfacht der Ausdruck *ECUC* (ECU Configuration) als Überbegriff verwendet. Alle im Rahmen dieser Arbeit angesprochenen Konfigurationen fallen unter die „Configuration Class pre-compile time"[166].

Mit Blick auf die Vielzahl der Module der BSW, die unterschiedlichen Kombinationen an Modulen, die je nach Bedarf entstehen, die Komplexität der Konfigurationen und der Zusammenhänge zwischen den Modulen kann hier kein Ansatz für die Vorgehensweise geliefert werden. Auch die internen Abläufe des Tools können als Nutzer nicht ohne weiteres nachvollzogen werden. Für nähere Informationen zu AUTOSAR-Tools können [B55] und [B61] eingesehen werden.

Mit der *Abbildung 34* und der *Abbildung 35* wurden schon die wichtigsten Grundzüge des BSW Builder vorgestellt. Von besonderer Bedeutung sind ganz allgemein die Buttons rechts oben in der View. Neben dem AUTOSAR-Validierungsknopf, stehen noch weitere Buttons zur Verfügung, die erst nach den Konfigurationen benötigt werden. Die Grundzüge der Activity rund um die ECU Konfiguration sollen der Vollständigkeit halber nochmals angesprochen werden. Es können zwei Teilschritte unterschieden werden:

- *Generate Base ECU Configuration Description*: Wie es auch in der *Abbildung 15* aus dem dritten Kapitel gezeigt wurde, muss einerseits bei der ECU-Konfiguration eine Vielzahl an Informationen vom Tool bereitgestellt werden. Hierzu dienen vor allem die *BSW Module Description*, das *ECU Extract of System Configuration* und die *Collection of Available SWC Implementations*.[167] Ebenfalls von Bedeutung und nicht in der vorher genannten Abbildung erwähnt ist hier die *ECU Configuration Parameter Definition*[168], die, wie es der Name verrät, die Parameter der zu konfigurierenden Module beinhaltet.
- *Configure ECU*: Die einzelnen Module der BSW können in iterativen Durchläufen, wie es die *Abbildung 40* exemplarisch andeutet, mit Hilfe von verschiedene *Guidances* – in diesem Fall spezielle Editoren für die einzelnen Module, die die verschiedenen Reiter des BSW Builder bieten – konfiguriert werden. Es handelt sich hierbei um die eigentliche Konfigurationsarbeit durch den Anwender des Tools. Der Teil rechts unten der *Abbildung 15* verdeutlicht diese Arbeit. Im Arctic Studio wird die RTE übrigens gesondert betrachtet. Ihre Konfiguration wird nicht im BSW Builder, sondern im RTE Builder übernommen.

---

[164] [B16], S.19
[165] Vgl. [B53], S.10
[166] Vgl. [B53], S.19
[167] Vgl. [B16], S.20
[168] Vgl. [B53], S.10

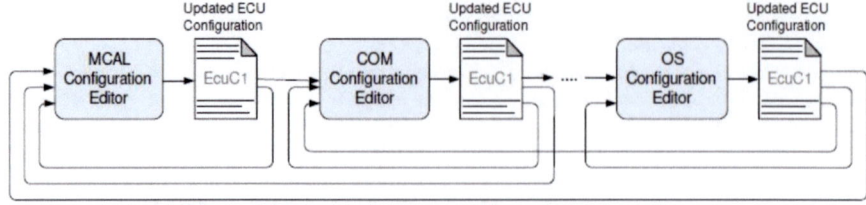

Abbildung 40: Iterative Konfiguration der BSW-Module

Um die bisher angesprochene Konfiguration, die sich rein auf die ARXML-Files bezieht, noch auszuweiten, soll hier noch auf weitere Einstellungen, die für die Arbeit notwendig sind, hingewiesen werden. Zusätzliche Einstellungen, die über den AUTOSAR-Bereich hinausgehen, können per Rechts-Klick auf ein Projekt mit der Option „Properties" eingesehen werden. Neben Optionen wie z.B. (C/C++ Build → Tool Chain Editor), über die beispielsweise Linker und Compiler für die folgende Generierung von Code ausgewählt werden können, ist es für die Konfiguration der BSW von elementarer Bedeutung Hardware-Nahe Informationen anzugeben. Im Kern dieser Überlegungen steht die Auswahl des genutzten µC des Steuergeräts. Die *Abbildung 41* zeigt exemplarisch die Festlegung auf den Controller MPC5567[169] von Freescale[170], wie er bei den Tests in dieser Arbeit genutzt wurde. Hauptsächlich wird auf diese Weise das Laden spezifischer BSWMDs (Basic Software Module Description) für die Konfiguration sichergestellt. Für den hier genutzten Mikrokontroller sei z.B. Beispiel das Modul Port als Kontroller-spezifisches Modul im BSW Builder genannt. Auch das Laden spezieller Interfaces kann in dem Fenster „Properties" unter (ArcCore Tools→BSW Service Components) veranlasst werden. Diese stehen dann für Konfigurationen bereit. So kann man hier beispielsweise zur Nutzung eines *IoHwAb_VoltageType*[171] das passende Interface zwischen Applikationsebene und dem IoHwAb-Modul laden. Dies ist für die Schritte Configure Com and IO Hardware Abstraction, Assign BSW Generated Interfaces und Connect BSW signals and ports relevant.

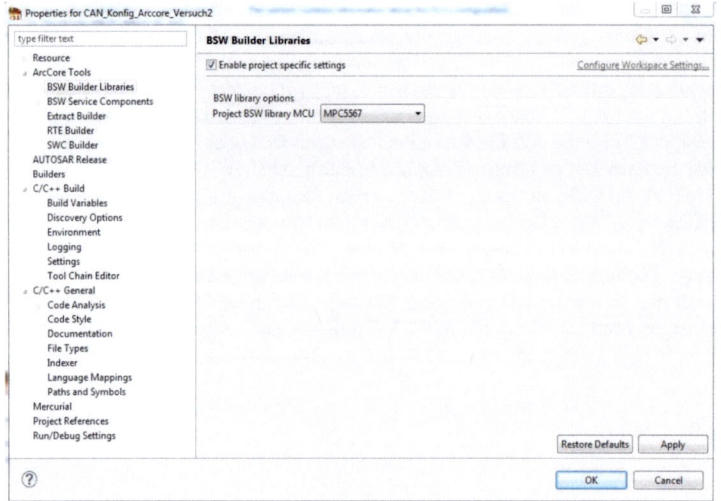

Abbildung 41: Zusätzliche Konfigurationen in Arctic Studio

---

[169] [B69], [B70]
[170] [B71]
[171] [B58], S.58

Die Ausführungen in diesem Abschnitt mögen verhältnismäßig kurz wirken. Wie bereits gesagt, ist der Umfang der Möglichkeiten bei der BSW-Konfiguration weitreichend und ein allgemeines Vorgehen ist nicht ohne weiteres beschreibbar. Die Dokumentation des Tools, die wie im Unterkapitel „4.1.3 Inbetriebnahme" erklärt wurde, über die Hauptleiste des Arctic Studio mit (Help→Help Contents) eingesehen werden kann, bietet zu diesem Thema jedoch eine Orientierung. Auch der bereits vorgestellte Button „Validate" –das gelbe Warndreieck oben rechts in der View – unterstützt die AUTOSAR-Konfigurationen und weist über die Anzeige „Autosar Validation" beispielsweise auf fehlende Konfigurationseinträge hin.

Einen interessanten Beitrag zu der Bearbeitung der ECUC, bietet übrigens der Anhang der Spezifikation [B53], „A Possible Implementations for the Configuration Steps". Dort werden verschiedene mögliche Grundstrukturen eines AUTOSAR ECU Configuration Editors vorgestellt – außerhalb der eigentlichen Spezifikation. Den Beschreibungen nach ist der BSW Builder wohl am ehesten der Kategorie „Tools Framework" zuzuordnen. Die Module können einzeln konfiguriert werden, wobei auf eine Basis zurückgegriffen wird, die allgemeine Funktionalitäten wie den Import von Dateien ermöglicht.

7. RTE Builder: „Configure RTE"

Im Arctic Studio erhält die Konfiguration der RTE eine übergeordnete Rolle, die von einem eigenen Tool, dem RTE Builder, im Schritt „Configure RTE" übernommen wird. Nicht nur die Konfiguration, sondern auch die Generierung der Konfigurationsdateien für die RTE, werden in der AUTOSAR Methodology gesondert betrachtet. So zeigt es zum Beispiel das Unterkapitel „5.5.2 RTE Generation" in [B16]. Konfiguration und Generierung der RTE, weisen eine besondere Komplexität auf[172]. Die Mittelschicht der AUTOSAR-Architektur, die zwischen der Applikationsebene und der BSW vermittelt, ist in einer umfangreichen und aufschlussreichen Spezifikation, [B21], definiert und spielt wie schon mehrfach gesagt, eine übergeordnete Rolle im Standard. Ihre besondere Stellung ist hauptsächlich auf ihre Funktion für die Kommunikation und die Umsetzung von zeitlichen Abläufen auf dem Steuergerät zurückzuführen. Die Schlüsselstellung der RTE und ihre gesonderte Konfiguration nach den anderen Modulen sind somit einleuchtend.

Tiefer kann in dieser Arbeit nicht auf die RTE und ihre Grundzüge eingegangen werden, obwohl sie von besonderer Bedeutung sind. Mit Blick auf Arctic Studio sollte beim RTE Builder darauf hingewiesen werden, dass er als gewöhnlicher Reiter, wie bei der Konfiguration eines BSW-Moduls, zugänglich ist. Die RTE wird im Arctic Studio, wie auch in der Methodology, als ein BSW-Modul betrachtet. Aus dem Reiter „Overview" in der View des BSW Builder kann man zur RTE-Konfiguration gelangen. Gleichzeitig öffnet sich der RTE Builder. Die **Abbildung 42** soll exemplarisch eine Teilansicht auf die View des RTE Builder liefern; die View kann nicht in Gänze gezeigt werden –. An dieser Stelle sei auf das Feld „Runnable to Task Mappings" hingewiesen: Hier kann über Drag & Drop ein elementarer Schritt für die zeitliche Aktivierung der Runnables vollzogen werden. Wie beispielsweise in der Ansicht aus dem vorherigen Beispiel das Runnable „myComponentCanRunnable" der „Task1" zugeordnet wird, lässt sich in diesem Feld das Mapping zwischen Runnable Entities und Tasks vornehmen[173]. Es sei auch auf den Button „Synchronize ECU Extract" im oberen Bereich der View hingewiesen. Dieser muss vor der Konfiguration der RTE betätigt werden, damit für die Generierung der RTE-Konfigurationsdateien neben anderen Informationen, wie z.B. aus dem OS, insbesondere die aktuellen Informationen aus dem *ECU Extract Of System Configuration* vorliegen.

---

[172] [B21], S.22
[173] [B21], S.97 ff.

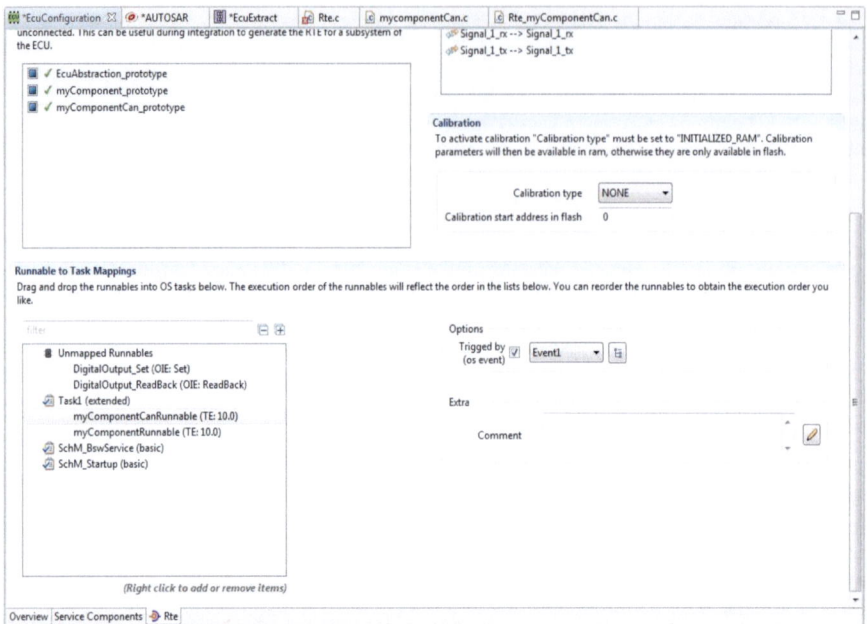

Abbildung 42: Teil der View des RTE Builder

8. BSW Builder & RTE Builder: „Generate Configuration"

„Generate Konfiguration" bezeichnet das Erstellen von Konfigurationscode, in diesem Fall C-Code, der die Einstellungen aus den vorherigen Schritten beinhaltet. Über zwei Buttons „Generate configuration for this module" und „Generate configuration for all modules" kann die Code-Generierung von Konfigurationsdateien entweder einzeln für jedes Modul aus seinem Reiter im BSW Builder heraus oder für alle Module gleichzeitig aus einem beliebigen Reiter aktiviert werden. Beide Buttons befinden sich in der View oben rechts. Voraussetzung ist eine fehlerfreie „Autosar Validation" über den benachbarten „Validate"-Button.

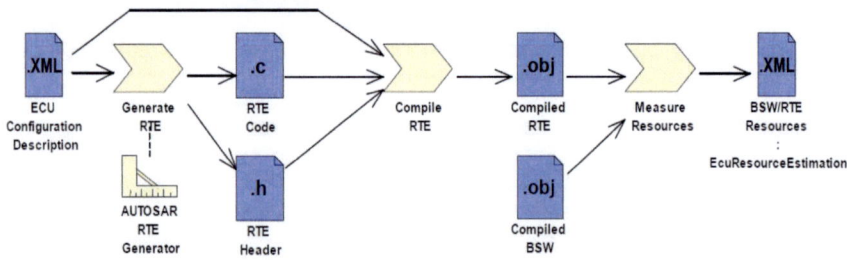

Abbildung 43: Generierung der RTE

Dieser Schritt, der in Unterkapitel „Die AUTOSAR Methodology" unterschlagen wurde ist zwischen die Schritte *Configure ECU* aus der **Abbildung 15** und *Generate Executable* aus der **Abbildung 16** einzuordnen. Die **Abbildung 44** bietet eine Übersicht zu dem Grundablauf dieses Arbeitsschritts. Für jedes Modul wird eine C-Datei mit zugehöriger Header-Datei generiert. Bei der RTE gilt eine gesonderte Betrachtung[174]: Wie die **Abbildung 43** zeigt, enthalten die generierten C-Dateien für die RTE nicht Konfigurationen, sondern Nutz-Code, der im Anschluss kompiliert wird. Im Arctic Studio-Projekt werden diese Dateien in einem eigenen Ordner mit der Bezeichnung „Config" gespeichert. Der BSW Builder und der RTE Builder generieren also tatsächlich Code, wobei der SWC Builder und der Extract Builder auf die Erstellung von XML-Files begrenzt sind.

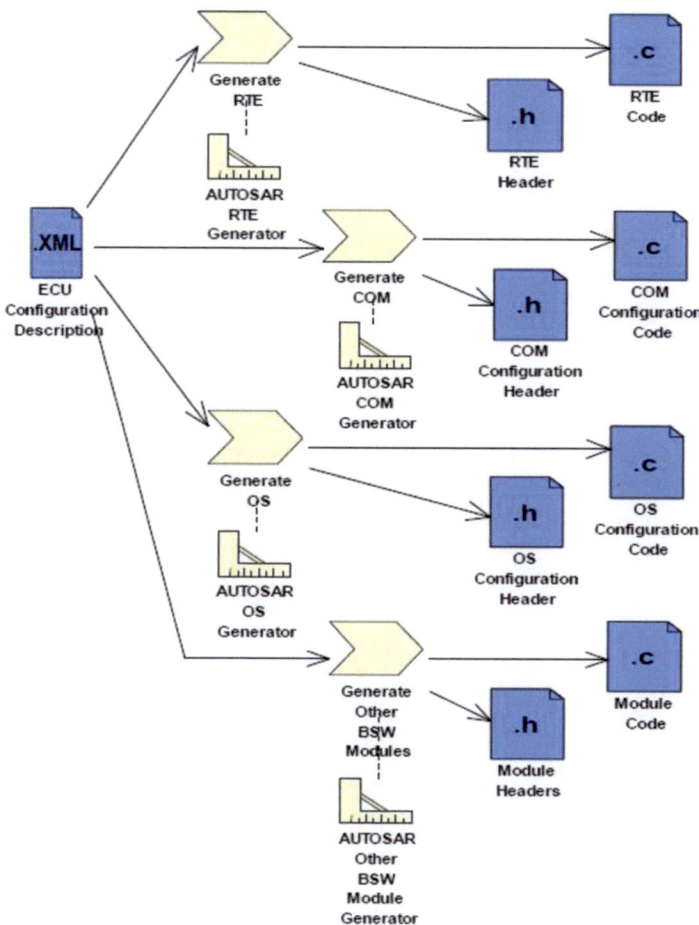

Abbildung 44: Generierung der BSW-Konfigurationsdateien

9. **Core Builder: „Build"**

Als finaler Punkt im Toolchain Workflow gilt der Schritt „Build". Diese Aktion kann per Rechts-Klick auf das jeweilige Projekt aufgerufen werden, sodass das Kompilieren und das Linken, welches in der **Abbildung 16** verbildlicht wurde, veranlasst werden. Für die im Laufe der Arbeit erstellten Projekte, wurden ein GCC C Compiler, ein MinGW C Linker[175] und ein Gnu Make Builder[176] genutzt. Der letzte Schritt der AUTOSAR Methodology *Generate Executable*, wie er in der **Abbildung 16** angesprochen

---

[174] Vgl. [B16], S.24
[175] [B63]
[176] [B64]

wurde, kann somit abgeschlossen werden und es liegt eine ausführbare Datei für ein Steuergerät vor. Wie der Build-Prozess abläuft, wird hier nicht weiter betrachtet; es sei darauf hingewiesen, dass die im vorherigen Schritt erstellten Konfigurationsdateien mit den BSW-Dateien aus dem Repository von ArcCore im Projekt-Verzeichnis zusammenwirken. Im jeweiligen Projekt werden mit dem Arctic Studio alle Object-Files und die ausführbaren Dateien vom Build-Prozess in einen speziellen Ordner gelegt.

Der auf Make-Files basierende Build-Prozess im Arctic Studio liefert standardmäßig eine elf-Datei. Um am Ende des Workflows exemplarisch zu zeigen, wie auf den Build-Prozess Einfluss genommen werden kann, soll an dieser Stelle ein kurzer Abschnitt Code gezeigt werden, dessen Hinzufügung in das Haupt-Make-File eines Projekts zum zusätzlichen Erstellen einer S19-Datei führt[177]. In dieser Arbeit war dieses Format für den Debugging-Prozess notwendig:

```
build-srec-y = $(PROJECTNAME).s19

# Add to "all" target
all-mod += $(build-srec-y)

# The build rule
$(build-srec-y) : $(build-exe-y)
	@echo
	@echo "  >> OBJCOPY $@"
	$(Q)$(CROSS_COMPILE)objcopy -O srec $< $@
```

4.2 Entwicklung eines *AUTOSAR*-basierten Eingebetteten Systems

In diesem Unterkapitel soll auf die praktischen Aspekte dieser Arbeit eingegangen werden. Um Erfahrungen mit dem AUTOSAR Tool Arctic Studio sammeln zu können und die Auswirkungen gewisser Konfigurationen überprüfen zu können, muss das in einem Projekt erstellte Executable auf das Zielsystem geladen werden. Auf diese Weise ist es erst möglich, die konfigurierten Funktionen zur Laufzeit zu beobachten und Rückschlüsse auf die Einstellungen zu ziehen.

Im Laufe dieser Arbeit wurden verschiedene Funktionalitäten erstellt. Wenn also im Titel der Arbeit von der Entwicklung eines AUTOSAR-basierten Eingebetteten Systems gesprochen wird, gilt es die Gesamtheit dieser Funktionalitäten zu betrachten. Man muss in einer Verkettung verschiedener Arbeitsschritte, von den einzelnen Konfigurationen im Arctic Studio und deren Validierung über die Fehlerbehebungen beim Builden eines Projekts bis zum Hardware-Debugging mit Rückschlüssen auf die Konfigurationen, vorgehen, um erfolgreich eine Funktionalität aufzubauen. Da die Erstellung eines Eingebetteten Systems auf der Kontrolle der Hardware durch die Software beruht, wurden in den Projekten zu dieser Arbeit Funktionalitäten erstellt[178], bei denen vorerst die Konfiguration der BSW im Mittelpunkt stand. Ist die BSW richtig konfiguriert, kann man in weiteren Schritten die Komplexität der Funktionalitäten auf Applikationsebene steigern.

In diesem Unterkapitel sollen keine Schritt-für-Schritt-Anleitungen gegeben werden, wie mit dem Arctic Studio gewisse Embedded Funktionalitäten zu erstellen sind. Stattdessen wurde versucht, in dem vorherigen Unterkapitel die Grundzüge für eine Vorgehensweise bei der Arbeit mit dem Arctic Studio zu erläutern. Es muss klargestellt werden, dass diese Ausführungen hauptsächlich auf der Erstellung von Funktionalitäten basieren. Nur durch die Rückschlüsse, die aus der praktischen Arbeit entstanden sind, war es möglich die vorherigen Erläuterungen zu machen. Es sollte dabei betont werden, dass die eigenen Erfahrungen im Umgang mit dem Arctic Studio die Basis zur Formulierung dieser Erklärungen waren, da wie gesagt zum jetzigen Zeitpunkt keine ausführliche Beschreibung zum Produkt von ArcCore vorliegt.

Dieses Unterkapitel soll vielmehr genutzt werden, um verschiedene technischen Aspekte im Umgang mit dem Arctic Studio und der Konfiguration eines Prototyping-Steuergeräts, mit dem

---

[177] Vgl. [B65]
[178] Dies Projekte sind auf dem beigefügten Datenträger zu finden.

Funktionalitäten erprobt und optimiert werden können, vorzustellen und zu betrachten. Es sollen hier deutlich die Erfahrungen und Rückschlüsse der eigenen Praxis-Arbeit hervorgehoben werden. Dies soll bedeuten, dass neben der Theorie, die zu dieser Thematik ausführlich in den vorherigen Kapiteln angesprochen wurde, von hier an die Entwicklung von Embedded Funktionalitäten mit dem Arctic Studio in den Vordergrund rücken soll. Es wird daher auch nicht mehr fortlaufend Bezug auf AUTOSAR genommen. Ziel soll schlussendlich sein, konkrete Aufgaben im Embedded-Bereich zu bewältigen. Im Rahmen dieser Arbeit hat sich herausgestellt, dass das Arctic Studio mit dem nötigen Verständnis dafür genutzt werden kann.

4.2.1 Vorstellung der Hardware

Zuerst soll in diesem Unterkapitel die genutzte Hardware kurz vorgestellt werden. Bei der ITK Engineering AG wird als Prototyping Plattform eine Hardware Plattform genutzt, deren Hauptanwendung in der Gateway-Anwendung zwischen CAN- und FlexRay-BUS-Systemen liegt. Aktuell wird die AptiBox[179] der Expert Control GmbH[180] verwendet. Es handelt sich dabei um ein Gesamtkonzept aus Hardware und Entwicklungsumgebung auf MATLAB/Simulink Basis. In dieser Arbeit soll ausschließlich die Hardware der AptiBox als Prototyping-Plattform genutzt werden. Zusammen mit der aus Arctic Studio heraus generierten AUTOSAR-Software sollen so die einzelnen Funktionalitäten entwickelt werden. Im Anhang können die Eckdaten der AptiBox eingesehen werden. Nicht alle Angaben sind für die Anwendungen in dieser Arbeit zutreffend; so wird in dieser Arbeit die System-Frequenz auf 100 MHz gesetzt. Kernstück des Prototyping-Board ist der Mikrokontroller MPC5567 der Firma Freescale. Es handelt sich um einen leistungsfähigen PowerPC[181] Mikrokontroller, der für den Einsatz im Automotive Umfeld entwickelt wurde.

Ein wichtiger Bestandteil bei den Arbeiten mit dem Prototyping-Board ist das Downloaden der ausführbaren Datei und das Hardware Debugging. Auf diese Weise kann das Verhalten des generierten Code im Zusammenspiel mit dem Target erprobt und die notwendigen Rückschlüsse auf die Konfigurationen und die hiermit verbundene Software gezogen werden. Als Debugger stand der leistungsfähige IC3000[182] der Firma iSYSTEMS AG[183] mit der Software winIDEA[184] zur Verfügung. Für das Debugging wurde dabei die Variante on-chip debug emulation mit einer debug iCARD für den MPC5567 genutzt. Die **Abbildung 45** soll die genutzte Hardware-Konstellation von Debugger und Target – es handelt sich hier nicht um die AptiBox – zeigen. Die Verbindung zwischen dem μC und dem Debugger wurde in diesem Fall per JTAG erstellt.

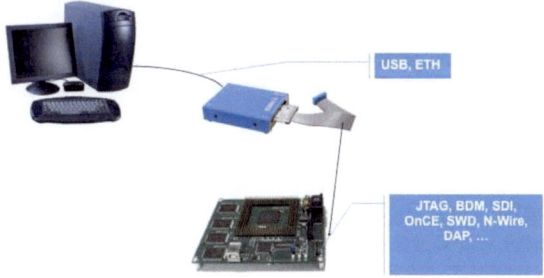

Abbildung 45: Hardware-Anordnung für das Debugging mit dem IC3000 der iSYSTEMS AG

---

[179] [B68]
[180] [B67]
[181] Es handelt sich um den Handelsnamen einer CPU-Architektur von IBM.
[182] [B72]
[183] [B73]
[184] [B75]

4.2.2 Basis-Konfigurationen

Für jede Embedded Funktionalität, gibt es Module der BSW, deren Konfiguration unumgänglich ist. Des Weiteren ist die Korrektheit dieser Einstellungen von größter Bedeutung für jede Funktionalität, die auf dem genutzten Steuergerät betrieben werden soll. Als Beispiel für solche Module sollen an dieser Stelle die Module OS und MCU, genauer deren Einfluss auf das zeitliche Verhalten des Systems, genannt und im Folgenden vertieft werden.

MCU

Beim MCU Driver[185] handelt es sich um Code, der nach einer Initialisierung des µC durchlaufen wird. Die **Abbildung 46** zeigt, wie der MCU Driver nach dem Startup Code, der Controller-spezifische Initialisierungen einleitet, bei AUTOSAR durchlaufen wird, um anwendungsspezifische Einstellungen zu treffen. Der klassische Bootloader[186] wird in AUTOSAR nicht spezifiziert und durch den MCU Driver ersetzt. Unter anderem übernimmt der MCU Driver die Initialisierung der System-Clock und PLL (Phase-Locked Loop)-Einstellung, um die Taktfrequenz der MCU festzulegen. Bei der PLL, die auch als Phasenregelschleife bezeichnet wird, handelt es sich um eine Regelung, welche die Controller-interne Frequenz von einer externen Oszillator-Frequenz abwandelt.

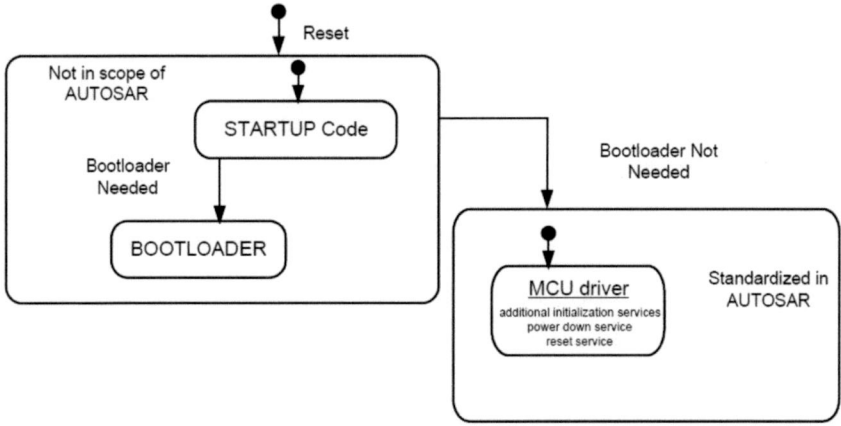

Abbildung 46: Durchlauf des MCU Driver bei der Initialisierung

Schon hier zeigt sich, dass das Wissen über die verwendete Hardware von Bedeutung ist. Das Lesen umfangreicher User Manuals für Mikrokontroller bleibt dem Anwender auch mit AUTOSAR also keinesfalls erspart. Für den MPC5567 können im Handbuch die nötigen Informationen eingesehen werden, um die gewünschte System-Frequenz zu erhalten: Das Kapitel „Chapter 11 Frequency Modulated Phase Locked Loop and System Clocks (FMPLL)"[187] bietet z.B. Einsicht in das Blockschaltbild und die Architektur des Regelkreises. Grundsätzlich wird bei den Konfigurationen der BSW für diese Einstellungen über drei Register festgelegt, wie sich die System-Frequenz von der Oszillator-Frequenz abwandelt. Auf der AptiBox wird ein externer Oszillator von 40 MHz genutzt. Im Anhang ist unten links in dem Auszug zum MPC5567 auf der AptiBox das entsprechende Bauteil[188] zu sehen. Es kann anschließend im Manual eingesehen werden, wie für die Modi *„Crystal Reference Mode and External Reference Mode"* die Register MFD, RFD und PREDIV gezielt beschrieben werden müssen[189]. Über den ARXML-Editor des BSW Builder für das Modul MCU lassen sich die entsprechenden Eingaben für das Modul machen. Die Betätigung des Buttons „Generate

---
[185] [B76]
[186] Es handelt sich um Software, die üblicherweise als Startprogramm geladen wird.
[187] [B69], S.406
[188] „Q301"
[189] Vgl. [B70], S.430

configuration for this module" im MCU-Reiter der View des BSW Builder veranlasst die Erstellung der passenden Konfigurationsdateien, wie es in der **Abbildung 44** gezeigt wurde. Eine C-datei, welche die notwendigen Einstellungen für die in den Projekten zu dieser Arbeit genutzte System-Frequenz von 100 MHz beinhaltet, kann im Anhang eingesehen werden. Man kann den in AUTOSAR für das Modul MCU vorgeschriebenen *Mcu_ConfigType* erkennen[190]. In der Struktur „McuConfigData[]" werden die PPL-Einstellungen abgelegt. Das Arctic Studio generiert hierfür die Dateien „Mcu_Cfg.c" und „Mcu_Cfg.h".

Ein Hardware-naher Eingriff, der einfacher nicht sein könnte ist eine Konfiguration, die in der untersten Schichtung des AUTOSAR-Layer-Modells stattfindet. Um die Konfigurationen, die in den vorherigen Beschreibungen in dem Modul MCU für die System-Clock vorgenommen wurden zu verifizieren, kann die vom MPC5567 zur Verfügung stehende External Clock „CLKOUT" genutzt werden[191]. Über das Modul „Port" des Arctic Studio kann der Port Driver[192] des µC konfiguriert werden. Über diese Kontroller-spezifische Konfiguration können für die einzelnen Pins Einstellungen wie die Pin Direction oder optional die Slew Rate vorgenommen werden[193]. Es handelt sich um ein sehr wichtiges Modul, das zwischen der Außenwelt oder der Peripherie und dem µC selbst vermittelt. Falsche Einstellungen sind hier fatal und können die Kommunikation übergeordneter Module der BSW nach außen verhindern.

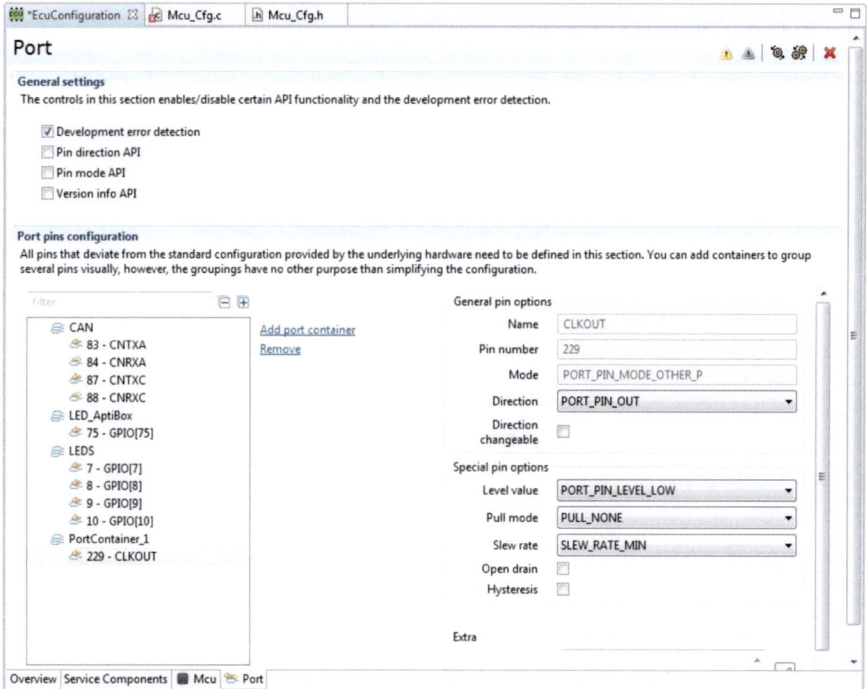

Abbildung 47: Reiter zur Konfiguration des Moduls Port im BSW Builder

Über die Option „Add pin (by function)" kann ein Pin mit seiner Funktion ausgewählt werden. Durch die interne Logik des Mikrokontrollers sind bestimmte Pins bestimmten funktionalen Modulen des Kontrollers, beispielsweise dem CAN-BUS, zugeordnet und können so für sehr spezifische

---

[190] Vgl. [B76], S.25
[191] [B69], S.280
[192] [B62]
[193] Vgl. [B62], S.21

Anforderungen genutzt werden. So steht beim MPC5567 auch ein spezieller Pin CLKOUT – Clock Output – zur Verfügung. Lediglich durch das Auswählen dieses Pin, wird Software-seitig dafür gesorgt, dass eine Frequenz an diesem Pin ausgemessen werden kann. Die **Abbildung 47** gibt einen exemplarischen Einblick in den Konfigurator des Moduls „Port" im BSW Builder: Zu sehen ist der Pin „CLKOUT" und die möglichen Einstellungen auf der rechten Seite. Einstellungen die an die Funktionalität des Pin gekoppelt sind, sollten nicht verändert werden.

Auch an dieser Stelle ist es wieder wichtig, mit der Hardware vertraut zu sein. Nur unter Nutzung des User Manual, kann richtig vorgegangen werden. Nachdem eine fehlerfreie BSW-Konfiguration mit Hilfe des Debuggers auf das Target aufgespielt wurde, muss beim Messen der Frequenz am Pin „CLKOUT" klargestellt werden, wie das Register „SIU_ECCR"[194] beschrieben ist. Da die beiden Bits „EBDF" den Wert $[01]_2$ aufweisen, wird der Faktor ½ zwischen der System-Clock und CLKOUT eingeschoben. Für die hier gewünschte System-Frequenz deutet demnach eine am Pin CLKOUT anliegende Frequenz von 50 MHz auf eine korrekte PLL-Einstellung hin. Die Einfachheit des betrachten Sachverhalts soll unterstreichen, wie wichtig die Kenntnis der genutzten Hardware ist, wenn Konfigurationen mit der Abstraktion von AUTOSAR erfolgen.

OS

Bevor nun auf die Einstellung des Moduls OS eingegangen wird, ist es wohl sinnvoll, eine kurze Erläuterung zu diesem zentralen Begriff zu geben. Hierbei soll sich an den Kernaussagen des entsprechenden Kapitels im Buch von Konrad Reif [A3] orientiert werden. Um Eingebetteten Systemen ein deterministisches Laufzeitverhalten zu geben, werden Programme verwendet, welche die Betriebsmittel und die Ausführung anderer Programme verwalten. Im Automotive-Bereich ermöglichen es RTOS[195], Ergebnisse zeitgerecht auszuliefern. Es geht also in erster Linie um die pünktliche Ausführung, nicht um die Schnelligkeit. Eine grundlegende Bezeichnung ist bei einem OS der Prozess, d.h. der Aufgabeninhalt, den ein µC ausführen kann, mit Berechnungsvorschrift, Datenraum und Prozesszustandsinformationen. Wie die **Abbildung 48** zeigt, kann ein *Prozess* vier Zustände einnehmen: suspended, ready, running und waiting (blocked). In diesem Zusammenhang ist das sogenannte Scheduling und Dispatching fundamental. Vereinfacht kann man das Scheduling als die Ordnung in einem Prozess-System verstehen. Der Dispatcher führt hingegen die Zustandsübergänge der Prozesse durch. Bei der Interaktion von Prozessen, spielt der Begriff des Kontextwechsels eine Rolle.

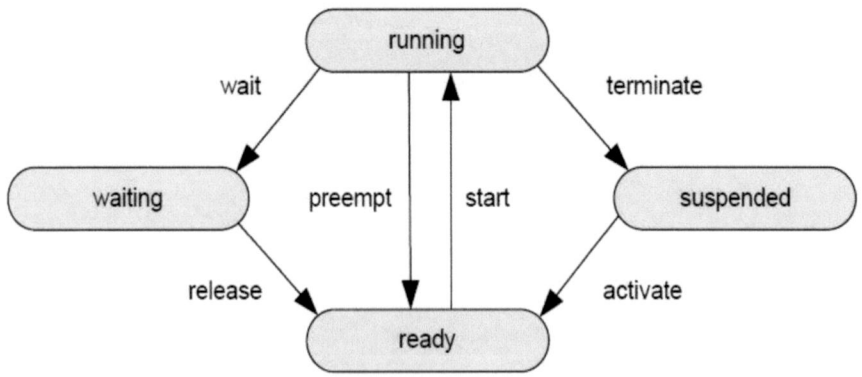

Abbildung 48: OS, Scheduling und Dispatching

---

[194] [B69], S.280
[195] Im Fachjargon bezeichnet der Begriff RTOS (Real Time Operating System) ein Echtzeitbetriebssystem.

Die Grundzüge des AUTOSAR-OS[196] basieren auf dem OSEK-OS[197,] das eine Spezifikation für RTOS im Automotive Bereich festlegt und dessen Grundzüge wegen der Relevanz für den Automotive Sektor, ebenfalls noch angesprochen werden sollen[198]: Das OSEK-OS zählt prinzipiell zu den *ereignisgesteuerten Systemen* – gegenüber *den zeitgesteuerten Systemen*. Bei jeder Änderung des Systems erfolgt also eine Aktualisierung, und zeitgesteuerte Abläufe werden i.d.R. über Alarme nachgebildet. Es ergeben sich auf diese Weise gewisse Vorteile für die Referenz der Abläufe; es kann z.B. die Drehung einer Kurbelwelle als Bezug genutzt werden. Die Tasks – eine Task entspricht einem Prozess –, Ressourcen und Funktionen sind im Gegensatz zum *dynamischen Scheduling* statisch. Sie werden also vor der Laufzeit festgelegt. Der genaue Bezug zwischen dem AUTOSAR-OS und dem OSEK-OS wird in den Spezifikationen gezielt angesprochen[199].

Unumgänglich für die Abfolgen in einem RTOS sind die genutzten Betriebsmittel, die man als die genutzten Software- und Hardware-Ressourcen verstehen kann. Beim AUTOSAR-OS sind dies in erster Linie die Counter, Alarme, Interrupts, Events, Tasks und die für AUTOSAR charakteristischen Schedule Tables[200]. Im Folgenden sollen einige erläutert werden:

- Der Begriff „Task" entspricht im AUTOSAR-OS dem „Prozess". Die Beiträge [A34] und [A35] befassen sich sehr detailliert mit dem Thema Task und Timing-Modelle. Begriffe wie Zykluszeit, Ausführungszeit und Priorität werden mit Blick auf die AUTOSAR-Runnables in diesen Quellen erläutert und eine Anwendungsnahe Klärung des Begriffs Task geliefert. Eine besondere Unterscheidung wird bei den Tasks zwischen Basic Tasks und Extended Tasks getroffen. Letztere können ohne CPU(Central Processing Unit)-Belastung im Waiting-Zustand verweilen. Auch die Unterbrechbarkeit einer Task spielt eine Rolle; es gibt präemptive und nicht präemptive Tasks. Eine aussagekräftige Allgemein-Aussage zum Begriff des Tasks ist:
„Jede OSEK-Anwendung besteht aus mehreren Tasks, deren Instanzen im laufenden Betrieb um den Prozessor einer elektronischen Steuereinheit konkurrieren"[201].
- Äußere oder interne Vorfälle lösen IRQs (Interrupt Request) aus. ISRs(Interrupt-Service-Routine) haben höhere Prioritäten als Tasks. Auch bei der Interrupt-Verwaltung wird eine Unterscheidung getroffen. ISR der Kategorie 1 haben keinen Zugriff auf die Verwaltung von Tasks und Betriebssystemfunktionen. Die ISR der Kategorie 2 können hingegen auf Betriebssystemfunktionen zugreifen, d.h. das OS muss Funktionen hierfür bereitstellen.
- Zur Steuerung des Programmablaufs, werden allgemein Events als Signalisierung zwischen Tasks und Interrupts der Kategorie 2 benutzt. In AUTOSAR ist der Begriff Event sehr weitreichend definiert. Events ermöglichen z.B. die asynchrone Kommunikation und in Bezug auf das OS spielen *Timingevents* für die zyklische Aktivierung von Runnables der Applikationsebene eine besondere Rolle[202].

Als übergeordneter Begriff spielt bei dem AUTOSAR-OS die sogenannte *OS-Application*[203] eine Rolle: Er bezeichnet eine funktionale Einheit aus verschiedenen Betriebsmitteln, wie sie eben vorgestellt wurden. Charakteristisch ist, dass zwischen den Betriebsmitteln einer OS-Application gegenseitige Beziehungen bestehen. So ordnet man beispielsweise einen Counter, der einen bestimmten Alarm auslöst, zusammen einer gleichen OS-Application zu.

Der Vollständigkeit halber soll beim OS noch Bezug auf den BSW Scheduler[204] genommen werden. Dieses BSW-Modul stellt das Bindeglied zwischen dem OS und den anderen BSW-Modulen dar und ermöglicht deren Aktivierung[205].

---

[196] [B76]
[197] [B77]
[198] Auch hier wird nochmals [A3] als Orientierung genutzt.
[199] [B76], S.30 ff.
[200] Vgl. [B76], S.34
[201] [B78]
[202] Vgl. [A8], S.108
[203] [B76], S.49
[204] [B79]

Von hier an wird die Konfiguration des OS und dessen elementaren Einfluss auf das Gesamtsystem und die zeitlichen Abläufe, z.B. in einer Applikations-SWC, betrachtet. Es gilt wie gesagt, durch die hier aufgezeigten Konfigurationen, einen Grundstein für die korrekten zeitlichen Abläufe des zu entwerfenden Embedded Systems zu erstellen. Aufbauend auf den Einstellungen im Modul MCU erfolgen im OS weitere Einstellungen, um ein einfaches Timing vorzunehmen. Die angeführten Erklärungen beschränken sich auf die notwendigen Gesichtspunkte, die für eine lauffähige Konfiguration relevant sind. Dabei handelt es sich um die Erstellung einer simplen Konfiguration.

Die **Abbildung 49** soll eine beispielhafte Teilansicht in die OS Konfiguration des BSW Builder liefern. Neben einer Vielzahl an Einstellungen, die im oberen Bereich des Konfigurationsreiters für das OS vorgenommen werden, soll hier in erster Linie auf die Auflistung in der linken Hälfte des Fensters hingewiesen werden. In diesem Bereich können die in Arctic Studio als „OS primitives" bezeichneten Betriebsmittel ausgewählt und eingestellt werden. Zu sehen ist in diesem Fall die Task „Scheduled". Es handelt sich um eine präemptiven Extended Task.

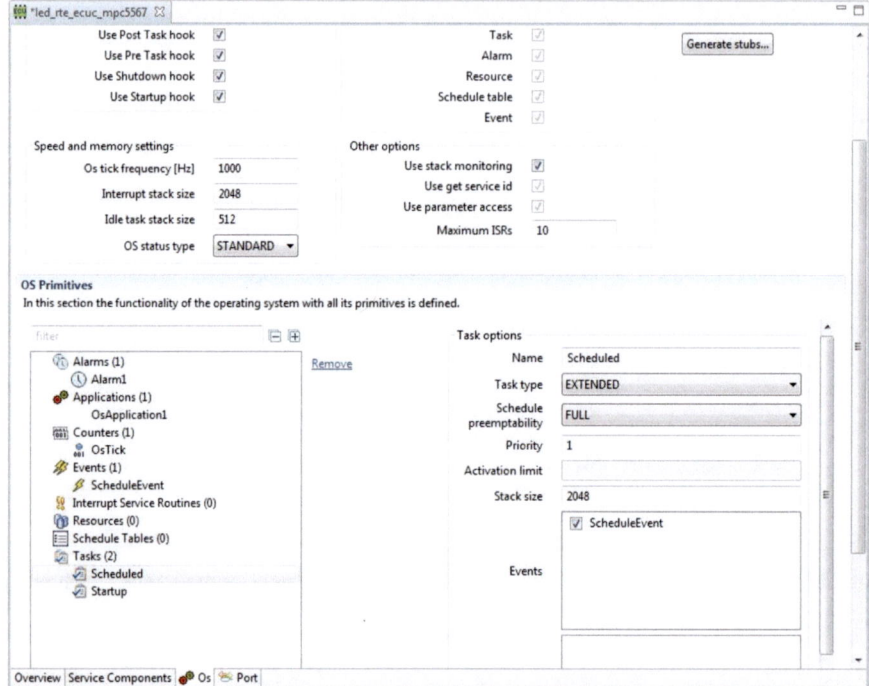

Abbildung 49: Teil des Reiters für die Konfiguration des OS im BSW Builder

In den nachfolgenden Schilderungen werden numerische Werte angegeben. Sie dienen als Grundlage für das sich anschließende Beispiel. Für die Konfigurationen des zeitlichen Verhaltens einer zu erstellenden Applikation – in Form einer SWC auf Applikationsebene – ist es nun wichtig einen Takt für die OS-Vorgänge festzulegen. Dieser Takt wird im Betrieb des μC von der vorher eingestellten System-Frequenz abgewandelt und wird hier im oberen Feld „Os tick frequency [Hz]" eingegeben, beispielsweise 1000 Hz. In dem betrachten Fall wird anschließend ein Counter „OsTick" festgelegt, der mit der eben festgelegten Frequenz inkrementiert wird. Daraufhin wird ein Alarm, hier der „Alarm1", konfiguriert. Er bildet die Basis für eine zeitgesteuerte zyklische Aktivierung. Diese Konfiguration soll in der **Abbildung 50** gezeigt werden. Zu sehen ist unter anderem die Zuordnung

---

[205] Vgl. [B79], S.6

des Counter „OsTick" und das Feld „Alarm cycle time", das dem Zählerstand des Counters entspricht, welcher den Alarm auslöst, und hier mit dem Wert 500 beschrieben ist. Man kann weiterhin bei den Einstellungen zum Alarm, den für die Wirkungskette relevanten „Alarm action type", der hier auf „Set Event" steht[206], betrachten. Es werden dem Alarm eine Task „Scheduled" und ein Event „ScheduleEvent" zugeordnet. In den Betriebsmitteln kann man auch die Konfiguration einer vorhin vorgestellten OS-Application sehen, die bestimmte Betriebsmittel koppelt.

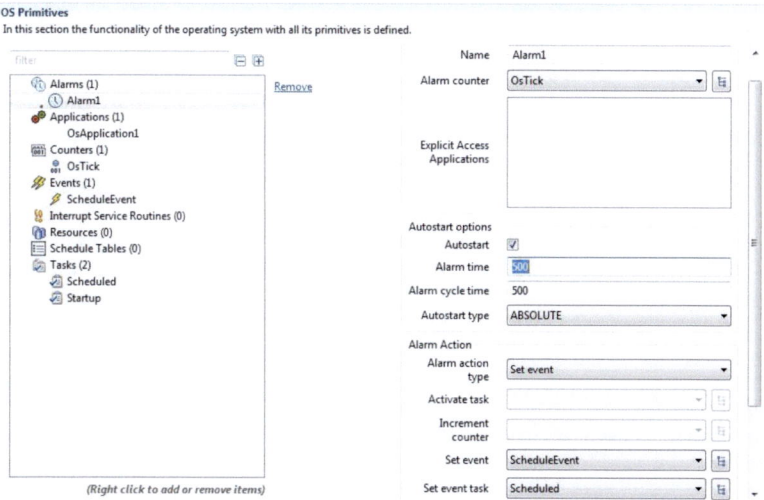

Abbildung 50: Konfiguration eines Alarms für das OS

Probe-Funktionalität[207]

Mit den eben erläuterten Einstellungen der Module MCU und OS sowie des konfigurierten Moduls ECUM, sind die minimalen Anforderungen erfüllt, die für den Betrieb eines lauffähigen Systems benötigt werden[208]. Um insbesondere das zeitliche Verhalten der getätigten Konfigurationen zu überprüfen, eignet sich nun eine simple Applikation[209], die durch ein Timing Event wie das eben konfigurierte „ScheduleEvent", angesprochen wird.

Die genauen Details dieser Konfigurationen und deren Reihenfolge werden hier nicht näher erläutert. Dafür kann insbesondere das Unterkapitel „4.1.5 Workflow und Bezug zu AUTOSAR" eingesehen werden. Vielmehr soll auf den Hauptgedanken und technische Details eingegangen werden. Die Timing-Einstellungen sollen mit einer simplen Anwendung sichtbar gemacht und geprüft werden. Für den hier gewählten Fall müssen zusätzlich die Module RTE, IoHwAb, DIO[210] (Digital Input Output) und Port in die BSW-Konfiguration aufgenommen werden. Das Timing Event soll in einem 500 ms Zyklus eine Invertierung eines Wertes vornehmen. Diese Invertierung soll Hardware-seitig über eine LED (Light-Emitting Diode) und ein Rechteck-Signal, das mit einem Oszilloskop gemessen wird, sichtbar gemacht werden.

Es soll hier ein kurzer Leitfaden für die Konfigurationen gegeben werden. Im SWC Builder wird eine Application SWC mit zwei RPorts, einem Runnable mit jeweils einem *SynchronousServerCallPoint*[211]

---

[206] Vgl. [B76], S.103
[207] Projekt „Test_Funktionalität_Timing_Einstellungen" auf dem beigefügten Datenträger.
[208] Vgl. Help-Menü des BSW Builder
[209] Das Bsp. nimmt Bezug auf ein Tutorial von ArcCore
[210] [B81]
[211] [B21], S.65

für jeden RPort und einem *TimingEvent*[212] angelegt. Die Eingaben, die hier zum Timing Event gemacht werden können, sind rein informativ. Nachdem Mapping der SWC im Extract Builder, wird das Modul IoHwAb konfiguriert. Dort gilt es zwei „Digital Signals" anzulegen. Des Weiteren ist das Laden der Interfaces über die Properties des Projekts notwendig, und die Konfiguration sollte mit der Betätigung des Buttons „Generate system model for this module" beendet werden. Im SWC Builder kann daraufhin jedem der RPorts ein Interface zum Ausgeben eines Digital-Wertes zugewiesen werden, und die Konnektoren zwischen der SWC und IoHwAb können danach im Extract Builder angelegt werden. In der BSW werden die Module OS, MCU und ECUM, wie es insbesondere für die Module OS und MCU in den vorherigen Abschnitten aufgezeigt wurde, als konfiguriert betrachtet. Im Modul DIO werden nun zwei Pins des Kontrollers ausgewählt, die auf dem Steuergerät die gewünschten Funktionen erfüllen können. Es wird also ein Pin mit einer angeschlossenen LED und ein freier Pin gewählt, in diesem Fall GPIO (General Purpose Input/Output) 75 und GPIO 121. Im Modul Port sind diese GPIOs passend als Ausgänge zu konfigurieren. Schlussendlich gilt es, den für die Timing-Betrachtung relevanten Schritt des „Runnable to Task Mapping" im Modul RTE zu machen. Das Runnable, das die Invertierung vornimmt, wird dem in der OS-Konfiguration angesprochenen, exemplarisch gewählten Event, „ScheduleEvent", zugeordnet. Auf diese Weise wird die zyklische Aktivierung des Runnables im 500 ms-Intervall garantiert. Die Konfiguration kann dann über den Button „Generate configuration for all modules" generiert werden.

Bevor das Projekt nun erstellt wird, muss klar sein, dass die Implementierung der SWC, die in diesem Fall die digitale Invertierung vornehmen soll, noch nicht durchgeführt wurde. Es sei an dieser Stelle an die **Abbildung 13** erinnert. Dort wurde die besondere Stellung der Activity *Implement Component* erläutert. Für die folgenden Erklärungen soll kurz auf die grundlegenden Aspekte einer manuellen C-Implementierung eingegangen werden. Entscheidend sind an dieser Stelle die Einträge, die im Workflow im SWC Builder vorgenommen wurden; für das aktuelle Beispiel soll die **Abbildung 51** betrachtet werden. In der Baum-Gliederung ist eine SWC mit dem Namen „Blinker" zu sehen. Sie enthält ein Runnable mit dem Namen „BlinkerRunnable". Insbesondere im Feld „C function name" steht der Eintrag „BlinkerRunnable". Des Weiteren sind an dieser Stelle zwei Eingaben unter *ServerCallPointOperation* bei den beiden *SynchronousServerCallPoint*, in diesem Fall „LED_Port.Set" und „measure_port.Set" für die Kommunikation mit dem IoHwAb-Modul entscheidend.

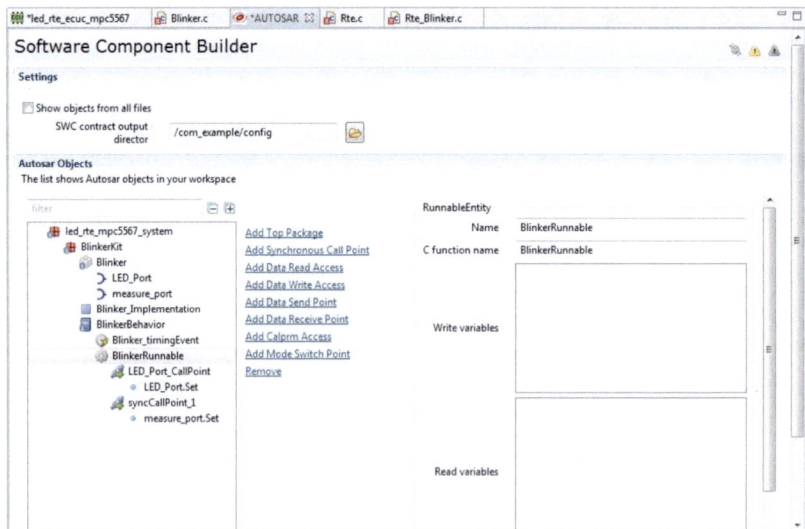

Abbildung 51: SWC Builder, Benennung von Elementen

---

[212] [B21], S.267

Nachdem die Konfiguration über den Button „Generate configuration for all modules" generiert wurde, kann man in den generierten RTE-Dateien, die, wie es in der **Abbildung 43** erklärt wurde, Nutz-Code enthalten, die notwendigen Funktionsaufrufe für die Kommunikation der SWC „Blinker" finden. Im Folgenden werden nun C-Dateien angesprochen, die im Anhang eingesehen werden können. So enthält die generierte „Rte_Blinker.c" die beiden benötigten Funktions-Definitionen „Std_ReturnType Rte_Call_Blinker_LED_Port_Set(const DigitalLevel value)" und „Std_ReturnType Rte_Call_Blinker_measure_port_Set(const DigitalLevel value)", mit denen das Runnable über die RTE das IoHwAb-Modul anspricht. Den Funktionsaufruf, mit dem das Runnable vom Timing Event „ScheduleEvent" angesprochen wird, kann man in der „Rte.c" in der folgenden Definition finden:

„
```
void Rte_BlinkerRunnable(void) {
    BlinkerRunnable();
}
```
"

Man erkennt deutlich den Bezug dieser C-Aufrufe zu den im SWC Builder vorgenommenen Konfigurationen. Es gilt nun für die Probefunktionalität den Aufruf „BlinkerRunnable()" zu definieren. Das Runnable „BlinkerRunnable()" in der Datei „Blinker.c" ist unten zu sehen und die Datei „Blinker.c" kann im Anhang eingesehen werden. Es wird eine einfache Invertierung vorgenommen, bevor Aufrufe über die RTE an das IoHwAb-Modul erfolgen. Zusammen mit dieser Applikation ergibt sich ein lauffähiges Projekt, mit dem man sich nach dem Build-Vorgang und Download des Executable auf das Target vom zeitlichen Verhalten des Systems überzeugen kann: Neben dem Blinken der LED, eignet sich eine Frequenz-Messung am GPIO 121. In der „Rte.c" kann übrigens ebenfalls die Definition der Task „Scheduled" eingesehen werden, der über das Event „ScheduleEvent" aktiviert wird. Die **Abbildung 52** soll verdeutlichen, wie man mit der Funktion „Call Hierarchie" von Eclipse, die Aufruf-Kette aus der RTE über das Runnable zurück in die RTE betrachten kann.

„
```
void BlinkerRunnable()
{
    static DigitalLevel val = Low;

    if (val == Low)
    {
        val = High;
    }
    else
    {
        val = Low;
    }

    Rte_Call_Blinker_LED_Port_Set(val);
    Rte_Call_Blinker_measure_port_Set(val);
}
```
"

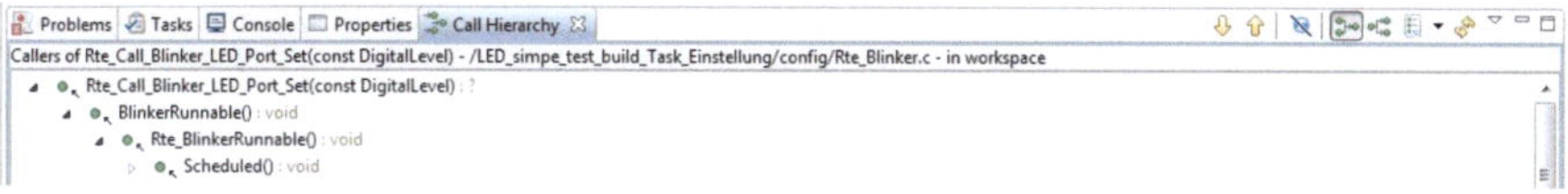

Abbildung 52: Nutzung der „Call Hierarchie" von Eclipse

Wurde der sichere und korrekte zeitliche Ablauf einer solchen einfachen Applikation validiert, können weitere Applikationen erstellt werden. Eine Basis-Konfiguration, auf der weitere Funktionalitäten erstellt werden können, ist mit den erfolgten Erläuterungen, insbesondere zum OS und zur MCU, vorhanden.

4.2.3 Erstellung einer AUTOSAR-basierten Funktionalität und Interaktion mit modellbasierten Code-Generatoren

Bei der Erstellung einer Embedded Funktionalität wurde bei der ITK Engineering AG intern ein Bezug zu einer anderen Studie[213] hergestellt. Um an dieser Stelle nur die wichtigsten Eckdaten dieser Arbeit zu nennen, soll gesagt werden, dass es sich um eine Drehmoment-Regelung für einen BLDC (Brushless Direct Current)-Motor handelt. Auf Applikationsebene soll eine SWC mit einem Runnable den notwendigen Regler-Algorithmus enthalten. Für die Regelung soll die SWC des Weiteren vier Eingänge für gemessene Spannungswerte – zum Zeitpunkt dieser Bearbeitung standen vier statt wie letzten Endes festgelegt fünf Eingänge fest – und sechs Ausgänge für PWMs bieten.

Der Entwurf von Regelungen, wie sie beispielsweise hier angesprochen werden, betrifft in der AUTOSAR-Terminologie die SWC-Implementierung. Für eine innovative Ingenieursarbeit ist zum Entwurf solcher komplexen Algorithmen die Modellbasierte Entwicklung unumgänglich. Bei der ITK Engineering AG werden zu diesem Zwecke in erster Linie zwei leistungsfähige Produkte genutzt: TargetLink der Firma dSPACE GmbH und Embedded Coder[214] von The MathWorks, Inc. dienen als modellbasierte Entwicklungswerkzeuge und Code-Generatoren. Beide basieren auf MATLAB/Simulink.

Im Zusammenhang mit der hier angesprochenen Funktionalität wurde der Embedded Coder genutzt. Es soll daher anfangs der für die Entwicklung eines Embedded Systems relevante Punkt der Interaktion zwischen einem AUTOSAR-Tool und einem BMT betrachtet werden. AUTOSAR bezeichnet Tools wie TargetLink und Embedded Coder wie schon erwähnt als Behaviour Modeling Tools.

Interaktion mit TargetLink[215]

Bevor die vorgestellte Funktionalität und der Bezug zu Embedded Coder vertieft werden, gilt es an dieser Stelle auch das Zusammenwirken von Arctic Studio und TargetLink zu thematisieren. Es soll hier anhand des vorherigen Beispiels auf das grundsätzliche Vorgehen eingegangen werden. Wurde bei den Konfigurationen im Arctic Studio mit dem SWC Builder der gewünschte Rahmen für eine SWC erstellt, so kann die erstellte ARXML-Datei in TargetLink importiert werden. Im Anhang soll hierzu die ARXML-Datei des vorherigen Beispiels betrachtet werden, wobei die SWC in diesem Fall eine einzige Schnittstelle nutzt. Es wird ausschließlich die LED angesprochen. Für den Import eines ARXML-Files bietet TargetLink eine spezielle Funktion, die aus dem MATLAB Command Window heraus aufgerufen wird. Dazu wird der Aufruf „tl_generate_swc_model" genutzt. Dieser Aufruf kann mit einer Vielzahl an Eingabewerten erfolgen, wobei immer in der Aufruf-Klammer folgende Semantik zu beachten ist ('Parameter1','Parameter1_Wert','Parameter2',...). Die Parameter-Liste kann in [A36] eingesehen werden. Es handelt sich um eine Funktion mit zahlreichen Optionen. Ausgelassene Parameter nehmen default-Werte an. Ein exemplarischer Aufruf[216] würde hier lauten:

"

tl_generate_swc_model('Model','MyModel','DestSubsystem','MyModel/SWC','SwcDescFileNames', {'led_rte_system.arxml', 'ArcCore_Services_IoHwAb.arxml'});

"

Besonders wichtig ist es, bei der Interaktion von beiden Software-Tools zu beachten, dass man jeweils auf der gleichen Release des Standards AUTOSAR arbeitet, damit die ARXML-Files kompatibel

---

[213] Es können die Details zu dieser Arbeit im Anhang eingesehen werden.
[214] [B83]
[215] Ordner „Import_aus_TargetLink" und „Test_Funktionalität_TargetLink" des beigefügten Datenträgers.
[216] Hier wurde das ARXML-Format nach AUTOSAR 3.1.5 verwendet.

sind. Mit dem Aufruf des Beispiels soll auf einen wichtigen Aspekt, im Umgang mit der Import-Funktion hingewiesen werden. Dabei beeinflussen die ersten zwei Parametern ausschließlich die Hierarchie des TargetLink-Modells und die hierfür verwendete Namensgebung. Dem Parameter 'SwcDescFileNames' kommt die Hauptrolle zu. Für diesen Parameter wurden in dem Beispiel bewusst zwei Werte in einem Cell Array übergeben: Es handelt sich zum einen um das ARXML-File „led_rte_system.arxml", indem die Information über die Applikationsebene enthalten ist und zum anderen um das ARXML-File „ArcCore_Services_IoHwAb.arxml". Zum Verständnis muss darauf hingewiesen werden, dass für den Port der SWC ein Interface genutzt wird, das zuvor in der Konfiguration speziell für das Modul IoHwAb geladen wurde. Dies kann per Rechts-Klick auf ein Projekt in der Option „Properties" erfolgen. Um den Rahmen der Applikation fehlerfrei in TargetLink importieren zu können, muss daher auch diese Zusatz-Information übergeben werden. Das geladene ARXML-File muss zuvor im ArcCore-Repository ausfindig gemacht und in das von TargetLink verwendete Arbeitsverzeichnis gespeichert werden. Nach einem erfolgreichen Import, kann in TargetLink die Modellbasierte Entwicklung der gewünschten Funktionalität auf Basis der im SWC Builder angefertigten Grundstrukturen erfolgen und der zugehörige Quell-Code generiert werden. Im Anhang kann die Datei „led_rte_system.arxml" eingesehen werden. In der XML-Struktur verweisen die Elemente mit „/ArcCore/Services/IoHwAb/Interfaces/…" auf das hinzuzufügende ARXML-File „ArcCore_Services_IoHwAb.arxml".

Um den Durchlauf einer exemplarischen Interaktion mit einem Code-Generator zu vervollständigen soll hier noch auf den generierten Code hingewiesen werden. Es wurde modelbasiert die gleiche Invertierungslogik wie im vorherigen Beispiel, diesmal in TargetLink, erstellt. Neben der Hauptdatei, die TargetLink am Name der SWC orientiert „Blinker.c" nennt erstellt der Code-Generator noch RTE-Dateien und Header-Dateien. Die von TargetLink generierte „Blinker.c" kann im Anhang eingesehen werden[217]; zu beachten sind die verwendeten Schnittstellen. Es müssen je nach Art der erstellten Funktion neben den Hauptdateien zusätzliche Dateien, die generiert wurden, mit in das Arctic Studio-Projekt eingebunden werden. So können z.B. bestimmte Datentypen der Applikation in zusätzlichen C-Dateien und Header-Files vom Code-Generator gespeichert werden.

Interaktion mit Embedded Coder[218]

Die am Anfang dieses Unterkapitels angesprochene Motorregelung, die in einem Runnable integriert werden soll, erfordert insgesamt elf Schnittstellen. Es müssen vier Eingänge mit RPorts für die ADC-Werte, sechs Ausgänge mit RPorts für die PWM-Werte und ein Timing Event für die zyklische Aktivierung vorgesehen werden. Auf topologische Überlegungen – Strukturierung der Applikation in SWCs und Runnables – wird hier der Einfachheit halber nicht eingegangen. Wie schon in den Ausführungen zur AUTOSAR Methodology erläutert, spielt die Implementierung der Applikation bei der Erstellung eines Embedded Systems eine eigene Rolle. AUTOSAR sieht vor, dass die Implementierung parallel zur Konfiguration der BSW erfolgt[219]. Es gilt also den Verantwortlichen für diese Activity eine Basis für ihre Tätigkeit bereitzustellen. Wie es in der **Abbildung 13** zu sehen ist, wird der Schritt *Implement Component* auf Basis von *Component related templates* durchgeführt. Bei der Arbeit mit dem Arctic Studio, wird hierfür das mit dem SWC-Builder bearbeitete SWC Template, ähnlich wie in den vorherigen Beschreibungen zu TargetLink, in den Embedded Coder importiert. Der Regelungsalgorithmus kann dann auf dieser Basis, einer Art SWC-Rahmen, entworfen werden und der hierzu generierte Code vor dem Build-Prozess im Workflow des Arctic Studio zurück-importiert werden. Parallel zur Implementierung der Applikation muss die BSW konfiguriert werden.

Der entscheidende Punkt bei diesem Vorgehen besteht darin die Schnittstellen-Kompatibilität zu gewährleisten. Das soll heißen, dass die im SWC Builder definierten Schnittstellen und ihre zugewiesenen Interfaces, so wie sie im zugrunde-liegenden ARXML-File abgespeichert werden, von dem Code-Generierungs-Tool für die Applikation – in diesem Fall Embedded Coder – korrekt entschlüsselt werden. Nur dann ist es mit Blick auf komplexere Applikationsstrukturen mit einer

---

[217] Generierte Kommentare wurden größtenteils ausgeblendet.
[218] Ordner „Import_aus_Embedded_Coder" und „Motor_Regelung_Embedded_Coder" des Datenträgers.
[219] Vgl. Abbildung 13

Vielzahl von SWCs, Runnables und eventuell Inter-Runnable-Kommunikationen, sinnvoll die Interaktion von Arctic Studio als AUTOSAR Tool mit einem modellbasierten Code-Generator zu nutzen. Es gilt also hier in einem verhältnismäßig simplen Beispiel dieses Zusammenwirken zu prüfen. Im Folgenden soll ein Abriss des gewählten Vorgehens gegeben werden.

Im SWC Builder werden folgende Schritte durchgeführt: Es wird eine SWC des Typs *ApplicationSoftwareComponentType* angelegt und für diese werden zehn RPorts erstellt. Es wird ein Runnable für diese SWC angelegt, dem wiederum zehn *SynchronousServerCallPoints* mit jeweils einer *ServerCallPointOperation* hinzugefügt werden. Jeder dieser *ServerCallPointOperations* wird dann einem der angelegten RPorts zugewiesen. Dem Runnable wird auf der gleichen Gliederungsebene ein *TimingEvent* zugeordnet.

Nachdem das Mapping der SWC im Extract Builder vollzogen und die für das IoHwAb-Modul relevanten Interfaces geladen wurden, werden über den BSW Builder im Modul IoHwAb vier Signale der Kategorie „Analog Signal" und sechs Signale der Kategorie „PWM Signal" angelegt. Es soll nicht weiter auf Details der BSW-Konfiguration eingegangen werden, da die relevanten Aspekte für diese Betrachtung auf der Applikationsebene liegen. Trotzdem sei darauf hingewiesen, dass für die Signale der Kategorie „PWM Signal" der Typ „IOHWAB_PWM_DUTY" spezifiziert werden sollte. Für die Motorregelung ist es relevant, dass einstellbare Tastverhältnisse für die PWMs übergeben werden.

Im Anschluss ist es nun elementar im SWC Builder den angelegten Ports die für das IoHwAb-Modul geladenen Interfaces zuzuweisen. Die vier RPorts für die ADCs benötigen jeweils das Interface „VoltageInput", während die sechs RPorts für die PWMs jeweils ein „PWMDutyOutput"-Interface erfordern. Die im Runnable angelegten *ServerCallPointOperations* werden für die ADCs auf „Get" und für die PWMs auf „Set" gesetzt. Der im Arctic Studio weiter vorgesehene Workflow wurde im Unterkapitel 4.1.5 erklärt. Für die Interaktion mit dem Embedded Coder ist aber vorerst das erstellte *SWC Template*, das mit dem SWC Builder konfiguriert wurde, relevant. Um grundsätzlich das Zusammenwirken mit dem Embedded Coder zu evaluieren, gilt es zu prüfen, ob das erstellte ARXML von letzterem eingelesen werden kann, bevor eine Probe-Applikation mit diesem Code-Generator erstellt und in das Arctic-Studio Projekt eingebunden wird. Es muss betont werden, dass für eine erfolgreiche Erstellung des Embedded Systems mit der gewünschten Applikation noch zahlreiche andere Gesichtspunkte untersucht werden müssen. So ist z.B. in diesem Fall die Anforderung, dass der Regler-Algorithmus alle 100 µs aufgerufen werden sollte, eine besondere Herausforderung für das AUTOSAR OS: Hier müsste höchstwahrscheinlich aufgrund der sehr kurzen Task-Zykluszeit eine andere Möglichkeit zur zyklischen Aktivierung der SWC geprüft werden[220]. Diese Aspekte können hier nicht weiter untersucht werden. Es steht wie gesagt die grundsätzliche Kompatibilität im Vordergrund.

Wie TargetLink bietet auch Embedded Coder Import-Funktionen für ARXML-Dateien, die aus MATLAB heraus aufgerufen werden. Die ARXML-Datei, die wie es eben beschrieben wurde, mit dem SWC Builder, erstellt wurde, kann im Anhang eingesehen werden: Um den Umfang des ARXML-File auf das Nötigste zu reduzieren, wurden die gleichartigen Schnittstellen dort nur jeweils doppelt, statt vierfach und sechsfach aufgelistet. Das ARXML ist also nicht vollständig. Die ausgelassenen Abschnitte sind mit „ ... " gekennzeichnet. Die ARXML-Funktionen, die für den Import in den Embedded Coder genutzt werden, lauten in diesem Fall der Reihe[221] nach:

"

importerObject = arxml.importer('MOTOR_BSW_Konfig_1_SWC.arxml');

importerObject.setDependencies('ArcCore_Services_IoHwAb.arxml');

importerObject.createComponentAsSubsystem('/Motor_ASCT');

"

---

[220] Umsetzung über CAT 1 Interrupt in AUTOSAR
[221] Hier wurde das ARXML-Format nach AUTOSAR 3.2.1 verwendet.

Wie man sehen kann, weicht das Vorgehen mit dem Embedded Coder hier von dem mit TargetLink ab. Es muss eine Reihe von Aufrufen getätigt werden[222], die Stück für Stück zum Ziel führen. Der Name „importerObject" ist hier willkürlich für das Objekt gewählt, in den der Import stattfinden soll. Über den zweiten Aufruf „….setDependencies(…" wird wieder ein Bezug zu dem ARXML-File erstellt, das Informationen zu den genutzten Interfaces enthält. Dieses File sollte im Arbeitsverzeichnis liegen. Der letzte Aufruf „…..createComponentAsSubsystem(…" veranlasst dann auf Grundlage der beiden vorherigen Befehle das Erstellen einer AUTOSAR atomic software component als *Simulink atomic subsystem*.

Wie auch bei TargetLink verläuft der erprobte Import für das Beispiel mit dem Embedded Coder bei dem geschilderten Vorgehen problemlos. Ein Modell kann mit der üblichen Ansicht im Embedded Coder geöffnet werden. Es weist die passenden Schnittstellen mit der modellbasierten Darstellung auf. Nachdem die Erstellung des Rahmens für eine Applikation im Zusammenspiel von Arctic Studio und Embedded Coder vorerst erfolgreich verlaufen ist, wurde aus Planungsgründen im Projekt beschlossen, in einem nächsten Schritt die Ansteuerung der PWM-Ausgänge aus der Applikationsebene in die BSW näher zu untersuchen. Die ADCs werden in dieser Arbeit nicht mehr angesprochen. Die **Abbildung 53** zeigt den importierten Rahmen für eine SWC und eine Test-Ansteuerung der sechs PWM-Ausgänge. Es wurde eine einfache Erprobungsunktion gewählt die das Tastverhältnis im Laufe der Zeit variiert.

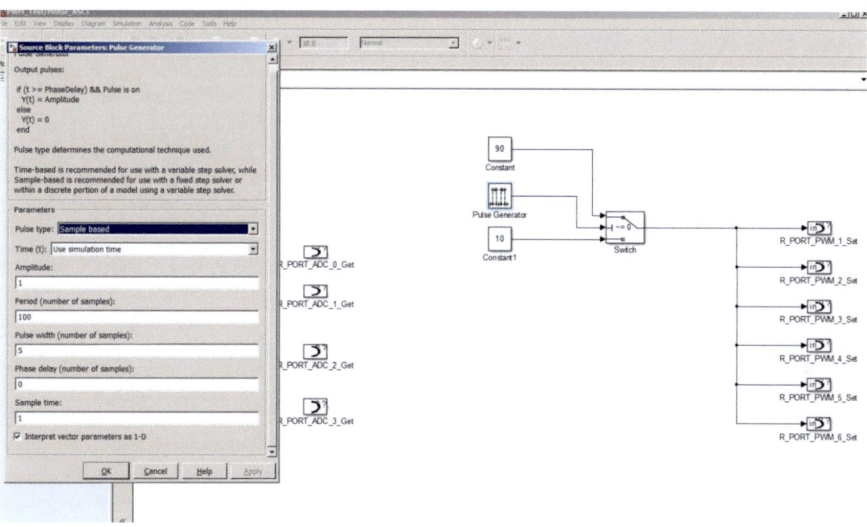

Abbildung 53: Modell-Ansicht im Embedded Coder nach dem ARXML-Import

Im Anhang kann die angesprochene Probe-Funktionalität, die in den SWC-Rahmen hinein generiert wurde in Form der C-Datei „Motor_ASCT.c" eigesehen werden. Die eigentliche Funktionalität ist an dieser Stelle nicht von Interesse. Vielmehr sind hingegen die Schnittstellen zu beachten. Nachdem im Arctic Studio alle notwendigen Konfigurationen, die für einen Betrieb, in erster Linie der PWMs, die es zu testen gilt, durchgeführt worden sind, können die zugehörigen Konfigurationsdateien generiert werden. Die Schnittstellen des Codes aus dem Embedded Coder können dann mit den Schnittstellen der im Arctic Studio generierten RTE-Dateien verglichen werden. Dazu kann im Anhang die Datei „Rte_Motor_ASCT.h" eingesehen werden. Der Aufruf des Timing Event, mit dem das Runnable zyklisch aktiviert wird, ist in beiden Dateien identisch. Die Aufrufe aus der „Motor_ASCT.c" wie „Rte_Call_R_PORT_PWM_1_Set" oder „Rte_Call_R_PORT_ADC_0_Get" sind ebenfalls mit den RTE-

---

[222] Vgl. [A37], S.12

Dateien aus dem Arctic Studio kompatibel. In der „Rte_Motor_ASCT.h" aus Arctic Studio wurden hierzu passende Umbenennungen wie

"

#define Rte_Call_R_PORT_ADC_0_Get Rte_Call_Motor_ASCT_R_PORT_ADC_0_Get

"

vorgenommen, sodass die Aufrufe aus der Applikation Richtung BSW durchgereicht werden. Ohne an dieser Stelle die Aufruf-Kette weiter zu verfolgen, sei darauf hingewiesen, dass die umdefinierten Aufrufe in den vom Arctic Studio generierten Dateien enthalten sind.

Neben den Schnittstellen ist es an dieser Stelle lohnenswert den in der „Motor_ASCT.c" verwendeten Datentypen besondere Beachtung zu schenken. Es werden für die Parameter der Aufrufe an die RTE die Datentypen „MilliVolt", „Percent", und „SignalQuality" genutzt. Es handelt sich dabei um Informationen, die der Code-Generator aus dem neben dem zentralen ARXML-File übergebenen ARXML-File „ArcCore_Services_IoHwAb.arxml" bezieht. So ist im Anhang z.b. ein Ausschnitt aus dem genannten ARXML-File einsehbar, der Information für den Typ „SignalQuality" enthält. Man kann daraufhin z.B. an einem vom Embedded Coder generierten Header-File erkennen, dass die Information entschlüsselt wurde: In der Datei „Rte_Type.h" legt der Code-Generator unter anderem die Definition des Typs „SignalQuality" ab. Der betrachtete Ausschnitt ist im Anhang zu finden.

Welche Information der Code-Generator beziehen kann, ist an den generierten Dateien deutlich zu erkennen. Es ist hierbei bewusst abzuwägen, welche von ihnen tatsächlich benötigt werden. Der Embedded Coder generiert z.B. verschiedene ARXML-Dateien mit spezifischen Inhalten. Diese werden nicht für das Arctic Studio benötigt -. Auch die generierten RTE-Dateien, wie die zuletzt angesprochene Datei, werden nicht benötigt, da sie vom Arctic Studio erstellt werden. Andere C-Dateien und Header-Files beinhalten dagegen Zusatzinformationen, die z.B. den spezifischen Algorithmus in der Applikation betreffen und müssen daher mit in das Projekt des Arctic Studio eingebunden werden.

Inwiefern ein Übergabe-Parameter, zwischen Applikationsebene und BSW, laut AUTOSAR definiert sein muss, stellt sich je nach Art der zu übergebenden Information unterschiedlich dar. Im Falle des Moduls IoHwAb kann hierzu die Spezifikation [B58] eingesehen werden. Speziell die Unterkapitel 7.2 bis 7.4 bieten Auskünfte zu den verschiedenen Signal-Arten. Dort werden die „ECU signal classes" und deren „Attributes" angesprochen. Es kann hier nicht weiter auf diese Betrachtungen eingegangen werden.

Betrachtung der Funktionalität

Nachdem nun ausgiebig auf das Zusammenspiel von Arctic Studio mit modellbasierten Code-Generatoren eingegangen wurde, soll an dieser Stelle explizit die Funktionalität der Motorregelung besprochen werden. Es wird hier also die gesamte Funktionalität, bestehend aus einer Ansteuerung aus der Applikation und der zugehörigen BSW-Konfiguration betrachtet. Wie schon gesagt wurde, können die genauen Anforderungen an die Regelung im Anhang eingesehen werden. In dieser Arbeit werden nicht regelungsspezifischen Aspekte betrachtet. Es soll ausschließlich die PWM-Ansteuerung betrachtet werden. Speziell von Bedeutung ist die Ausgabe von sechs PWMs, die mit konstanter Frequenz von 20 kHz und variablem Tastverhältnis angesteuert werden sollen. Die PWMs sollen des Weiteren alle synchron und paarweise komplementär laufen. Dies ist Voraussetzung für die sachgemäße Ansteuerung des BLDC-Motors über die 6-Puls-Brückenschaltung[223].

In der **Abbildung 54** wird dafür ein detailliertes Sequenzdiagramm angeführt: Es soll den generellen Ablauf der Vorgänge von der zyklischen Aktivierung des Regelungsalgorithmus bis zur Ausgabe von Abtastverhältnissen für die PWM darstellen und speziell die Abläufe für die PWM näher beleuchten. Es gelten hierbei die UML-üblichen Bestimmungen und Vereinbarungen. Um die Graphik optimal nachvollziehen zu können, ist es lohnend das Projekt im Arctic Studio einzusehen.

---

[223] Diese kann im Anhang eingesehen werden.

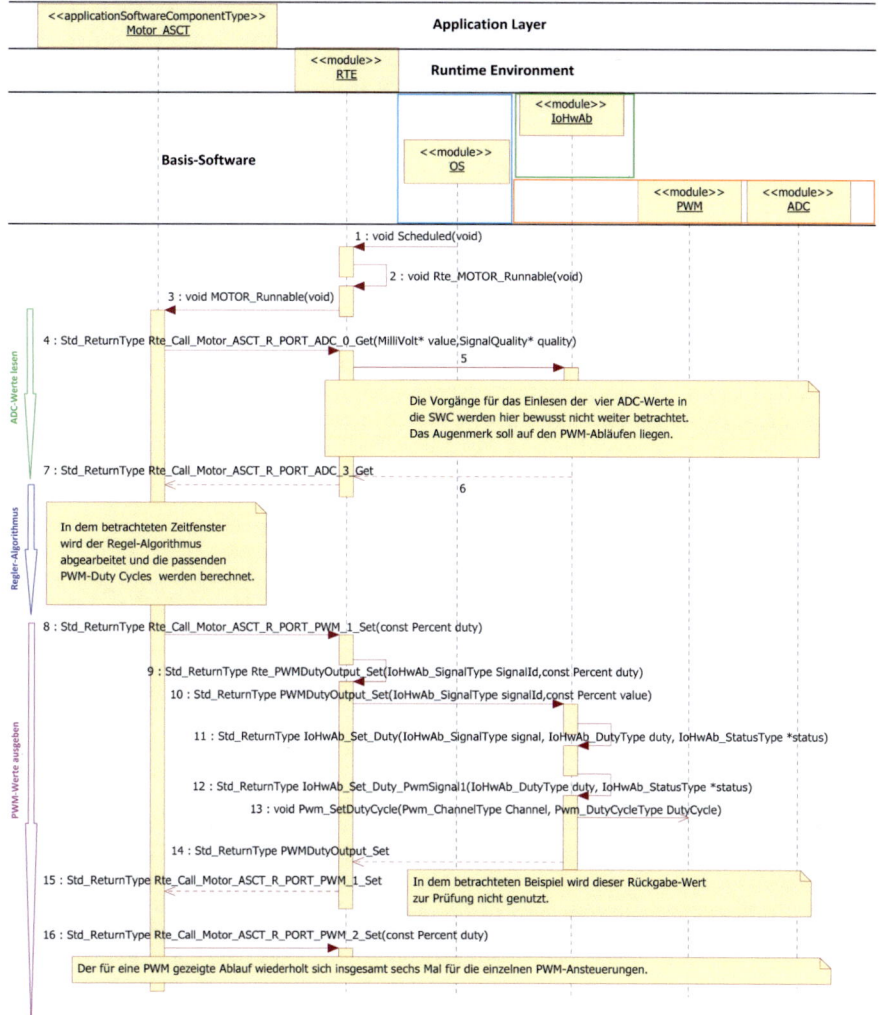

Abbildung 54: Sequenzdiagramm zur Motor-Regelung

Zur Übersicht wurde im oberen Teil der Abbildung, die AUTOSAR-Schichtung für die beteiligten Objekte verdeutlicht[224]. Die **Abbildung 17** und **Abbildung 19** können hierzu nochmal zum Vergleich herangezogen werden. Die hier beteiligten BSW-Module wurden mit Blick auf die vorherigen Abbildungen und zur Kennzeichnung ihrer genauen Schicht-Zugehörigkeit farblich hervorgehoben. In dem unteren Teil gilt die für Sequenzdiagramme übliche Vereinbarung, die vertikalen Lebenslinien für die einzelnen Objekte parallel zur Zeitachse abzutragen. Diese ist hier auf der linken Seite zur Verdeutlichung untergliedert.

---

[224] Entgegen den Vereinbarungen für das Sequenzdiagramm soll in diesem Teil der Abbildung die Vertikale nicht als Zeitachse dienen, um die AUTOSAR-charakteristische Schichtung widerzuspiegeln.

Die beteiligten Module der BSW sind das OS, welches das Timing Event auslöst, die RTE für die Kommunikationsvorgänge zwischen Applikation und BSW, und die Module IoHwAb, PWM und ADC. Auf Applikationsebene ist die SWC „Motor_ASCT", die hier exemplarisch den Regler-Algorithmus beinhalten soll, zu finden. Die Funktionsaufrufe zwischen der RTE und dem Application Layer, die in dem Sequenzdiagramm dargestellt sind, beinhalten die Namen, die man als Anwender im SWC Builder exemplarisch vergeben hat. So ist es sinnvoll zu wissen, dass die SWC den Namen „Motor_ASCT" und das Runnable die Bezeichnung „MOTOR_Runnable" trägt. Diese Bezeichnungen, wurden während der am Anfang des vorherigen Abschnittes „Interaktion mit Embedded Coder" beschriebenen Einstellungen getroffen. Die in der BSW vorgenommenen Einstellungen sollten im Projekt eingesehen werden, da die notwendigen Erläuterungen den Rahmen dieses Abschnittes sprengen würden. Besonders von Interesse sind für die aktuelle Betrachtung die Einstellungen im Modul IoHwAb und PWM.

Grundsätzlich soll mit dem Sequenzdiagramm deutlich gemacht werden, wie das Runnable „MOTOR_Runnable" der SWC „Motor_ASCT" über ein Timing Event aktiviert wird. Im Durchlauf des Runnables folg dann zuerst das Einlesen der ADC-Werte. Da diese hier wie bereits gesagt nicht mehr angesprochen werden – die Konfigurationen konnten in der Arbeit nicht näher erprobt werden – ist die Betrachtung der Aufrufe dort ausgelassen worden. Es sei darauf hingewiesen, dass AUTOSAR eine Vielzahl an Konfigurationen für die Analog-Digital-Wandlungen ermöglicht: [B86] gibt hierzu nähere Auskünfte. Sind die aktuellen Werte der Wandlung eingelesen, können die für die Regelung notwendigen aktuellen Tastverhältnisse für die PWM ausgegeben werden. Das Sequenzdiagramm geht im Detail auf diese Abläufe ein. Es wird exemplarisch das Durchgeben eines neuen Wertes für ein Tastverhältnis betrachtet. Neben dem Projekt im Arctic Studio und dem zugehörigen Quellcode wird im Anhang eine Tabelle präsentiert, die hierfür die verschiedenen Funktionen und die sie enthaltenden Dateien auflistet. Die Dateien „Motor_ASCT.c" und „Rte_Motor_ASCT.h" sind ebenfalls im Anhang zu sehen.

Durch eine Betrachtung der Aufrufe „8" bis „13" im Sequenzdiagramm lässt sich sehr gut die in der AUTOSAR-Architektur angewandte Abstraktion beobachten. So impliziert der Funktionsaufruf „8", dass es sich um einen Aufruf zur Ansteuerung für eine PWM handelt, deren Duty Cycle übergeben werden soll, und zwar speziell für die erste PWM auf Applikationsebene. Der einzige Parameter ist das Tastverhältnis. An den Funktionsaufrufen „9" und „10" ist zu erkennen, dass auf allgemeinere Funktionen zurückgegriffen wird. Diese fordern jedoch speziellere Parameter. So wird dort neben dem gewünschten Tastverhältnis für jeden der sechs PWM-Aufrufe eine eigene „SignalId" übergeben. Diese wird bei der BSW-Konfiguration festgelegt. Der letzte Aufruf in dieser Kette, der Aufruf „13" fordert als Übergabe-Parameter einen „Channel": Hiermit ist tatsächlich eine GPIO-Nummer des µC gemeint. Während der BSW-Konfiguration wurde für eine eindeutige Aufruf-Kette für jede PWM eine Zuordnung zwischen einer „SignalId" auf IoHwAb-Ebene und einem „Channel " auf Ebene des Moduls PWM getroffen. Es ist deutlich zu erkennen, dass man auf Applikationsebene keine Kenntnis über genauere Hardware-Gegebenheiten benötigt. Die GPIO-Nummer ist in diesem Beispiel dort nicht relevant.

Um die Betrachtung der zeitlichen Abläufe zur Funktionalität und den hiermit verbunden Funktions- aufrufen abzuschließen, kann die Rolle der RTE hervorgehoben werden. Deutlich zu sehen, ist in der **Abbildung 54**, dass keine Kommunikation direkt zwischen der BSW und der Applikationsebene stattfindet. Die RTE agiert stets als Vermittler für diese Kommunikationsabläufe.

Betrachtung der BSW

Die in der Praxis erprobte Konfiguration der PWM-Ausgänge erweist sich als prinzipiell lauffähig: Es können sechs PWMs mit variablem Tastverhältnis ausgegeben werden. Ebenfalls ist die paarweise- komplementäre Ausgabe einstellbar. Ein grundsätzliches Problem stellt jedoch die für die Motorregelung zwingend notwendige Synchronizität der sechs PWM-Ausgänge dar. Auf dem MPC5567 lässt sich mit den konfigurierten PWMs ein konstanter Phasenversatz der sechs Ausgänge beobachten. Wiederholte Messungen mit dem Oszilloskop bestätigen, dass es sich dabei um einen systematischen Versatz zwischen den einzelnen Kanälen handelt. Die AUTOSAR-Spezifikation [B87] zeigt, dass AUTOSAR keine Möglichkeit vorsieht den Versatz von PWMs zu beeinflussen.

Für den Praxisteil dieser Arbeit hat die Lösung der eben erwähnten Problematik einen erheblichen zeitlichen Aufwand nach sich gezogen. Es soll hier lediglich die Vorgehensweise geschildert werden, die für die Erfüllung der Synchronizität-Anforderung notwendig ist. Grundsätzlich erfordert die Synchronizität der PWMs seitens der Hardware spezielle Voraussetzungen: So ist z.b. die Nutzung einer gemeinsamen Zeitbasis eine Bedingung an die elektronischen Mechanismen, um die genannte zeitliche Anforderung zu erfüllen.

Mit dem Ziel das Projekt AUTOSAR-konform weiterzuführen[225], bietet sich folgender Lösungsansatz an. Hardware-seitig ist die Erfüllung der Anforderung an die Synchronizität der PWM-Ausgänge mit dem MPC5567 möglich. Die Ansteuerung von PWM-Kanälen, die Synchronizität erfordern, wird mit dem MPC5567 über ein spezielles Hardware-Modul realisiert: Es handelt sich dabei um einen eigenständigen Rechenkern, der unabhängig vom Hauptprozessor Programm ausführen und komplexe Timer-Funktionen bewältigen kann. Er trägt die Bezeichnung eTPU[226] (enhanced Time Processing Unit). Zusammen mit einer speziellen „Application Note", [B88], kann man vom Halbleiter-Hersteller Freescale die passenden Treiber, die für eine Ansteuerung synchroner PWMs über die eTPU notwendig sind, beziehen. Die hierfür weiterhin erfolgte Arbeit kann an dieser Stelle nicht im Detail betrachtet werden. Vielmehr sollen die allgemein-gültige Herangehensweisen geschildert werden.

Für das weitere Vorgehen ist das Aufgreifen eines bereits im Unterkapitel „3.3.2 Die AUTOSAR Architecture" erwähnten Begriffs notwendig: Dort wurden die Complex Drivers, auch als CDDs (Complex Device Driver) bezeichnet, vorgestellt. Wie dort erklärt wird, stellt der Einsatz eines CDD eine Ausnahme in Bezug auf die Schichtung in AUTOSAR dar. Es wird weiter erwähnt, dass diese über einen direkten Zugriff von der RTE auf den µC spezielle Aktuatoren, die z.B. besonderen Timing-Bedingungen unterliegen, ansteuern. Der sich hier darstellende Fall trifft sehr gut auf diese Beschreibung zu. In der Tat, muss für die Erfüllung der Synchronizität der sechs PWMs eine spezielle Hardware-Einheit, die das Einbinden spezieller Treiber notwendig macht, genutzt werden.

Die hier in das Projekt zusätzlich eingebunden Treiber, werden demnach in einem CDD untergebracht. Die Aufrufe aus der Applikations-SWC heraus an den CDD, der die nötigen Treiber beinhaltet, müssen über AUTOSAR Interfaces[227] erfolgen. Es soll erwähnt werden, dass das Arctic Studio mit dem SWC Builder das Erstellen einer Rahmenstruktur für einen CDD ermöglicht. Es sei an die **Abbildung 31** erinnert, in der die Untergliederung des *AtomicSoftwareComponentType* aufgezeigt wurde. Der *ComplexDeviceDriverComponentType* ist dort aufgelistet. Die **Abbildung 55** soll die sich ergebende Software-Struktur für das Projekt zur Motorregelung aufzeigen. Die ADC-Werte werden demnach über die BSW-Module ADC und IoHwAb bezogen, während für die Ausgabe der PWM-Werte die speziellen Treiber der eTPU des MPC5567 in einem CDD genutzt werden. Die verwendeten Interfaces fallen alle unter die Kategorie der AUTOSAR Interfaces. Es handelt sich spezieller um Client/Server Interfaces. Die Abbildung soll den Ansatz für die Vorgehensweise verdeutlichen. Zu beachten ist, dass für diese Erläuterung in der BSW bewusst die Modul-darstellung gewählt wurde, auch wenn im Zusammenhang mit Interfaces die Komponentendarstellung gängig ist[228].

---

[225] Dies wird in dieser Arbeit als übergeordnete Anforderung betrachtet. Auch wenn dies im Rahmen eines Projektes wie der betrachteten Motorregelung als hinderlich betrachtet werden könnte, stellt die AUTOSAR-Konformität eindeutige Vorteile dar. Hierauf wurde bereits ausführlich eingegangen.
[226] [B69], S.836
[227] AUTOSAR unterscheidet wie bereits erwähnt wurde zwischen AUTOSAR Interfaces, Standardized AUTOSAR Interfaces und Standardized Interfaces. Vgl. [B17], S.23
[228] Vgl. [B17], S.23/24

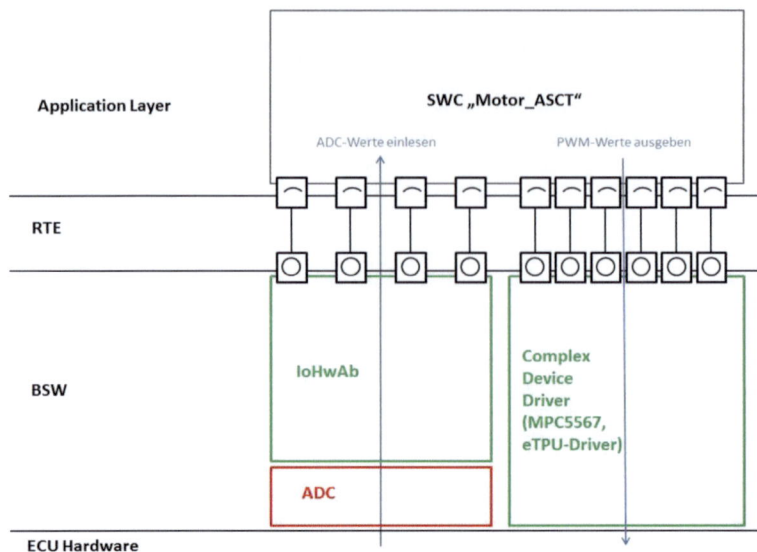

Abbildung 55: Struktur der Software für die Motor-Regelung mit CDD

Es kann abschließend festgehalten werden, dass für die Erstellung der Motor-Funktionalität, die regulären Konfigurationen der PWMs erfolgt sind. Dabei stellt sich heraus, dass diese Einstellungen nicht ausreichend sind, um den Anforderungen für die Motorregelung gerecht zu werden. Die Synchronizität der PWM-Ausgänge kann durch das Einbinden spezieller Treiber für die Ansteuerung der eTPU des MPC5567 erzielt werden. Es wurden des Weiteren erste Ansätze unternommen, um diese Treiber als CDD in das Projekt einzubinden. Die ADC-Konfigurationen und die Einhaltung der Task-Zykluszeit des Regler-Algorithmus wurden im Laufe dieser Arbeit nicht weiter betrachtet.

Bemerkungen

Um dieses Kapitel abzuschließen, soll aufgrund seiner Wichtigkeit für die praktische Arbeit ein spezieller Punkt angesprochen werden. Es handelt sich dabei um eine Maßnahme, die besonders beim Hardware-Debugging große Erleichterungen bei der Fehler-Suche bieten kann. Um die klare Strukturierung, die AUTOSAR liefert, auch bei der Fehlersuche nutzten zu können, eignet sich der Einsatz des DET[229] (Development Error Tracer)-Moduls. Jedes BSW-Modul ermöglicht bei seiner Konfiguration die Aktivierung der sogenannten „Development Error Detection". Diese Konfiguration ermöglicht das Aufrufen einer Fehler-Melde-Funktion zur Laufzeit, wenn das betroffene Modul auf einen Fehler stößt. Beim Debuggen, lässt sich dieses Verhalten z.B. nutzten, indem ein Breakpoint in die Fehler-Melde-Funktion gesetzt wird. Die Funktion bietet verschiedene Parameter, deren Auslesen die Lokalisierung des Fehlers erlauben. Die genannte Fehler-Melde-Funktion des Arctic Studio ist in dem Repository der BSW-Dateien in der „Det.c" zu finden:

„
void **Det_ReportError**(uint16 ModuleId, uint8 InstanceId, uint8 ApiId, uint8 ErrorId)
"

Jedes Modul verfügt über eine Modul-Identifikationsnummer, die in dem vorherigen Aufruf als „ModuleId" gekennzeichnet ist. Beim Arctic Studio ist diese Liste in der Datei „Modules.h" des BSW-Repository einzusehen und jedes Modul kann dort einer speziellen Nummer zugeordnet werden.

---

[229] [B89]

Über die weiteren Parameter kann die Fehlerursache mit Hilfe des DET-Moduls genau ausgemacht und die notwendigen Rückschlüsse auf die Konfiguration gezogen werden. Die klare Struktur der AUTOSAR-BSW macht sich also auch an dieser Stelle positiv bemerkbar. In den bei dieser Studie zuletzt durchgeführten Versuchen für die Konfiguration des CAN-Stacks der AptiBox, hat diese systematische Vorgehensweise zu einer großen Erleichterung bei der Fehlersuche geführt. Gerade bei solchen Konfigurationen, bei denen die Anzahl der BSW-Modulen und deren Kommunikationsbeziehungen und gegenseitige Abhängigkeiten komplex sind, ist die Hilfe des DET-Moduls unverzichtbar.

4.3 Evaluierung des Arctic Studio

Die Evaluierung eines Software-Tools ist ein Vorgang der sehr umfangreich und vielfältig ist. Dies gilt insbesondere für den Fachbereich der Embedded Systeme, in den das Arctic Studio einzuordnen ist. Der Umfang wird allein durch die im ersten Teil dieser Arbeit gegebenen Erklärungen deutlich, die notwendig waren, um eine sinnvolle Basis für den Hauptteil zu schaffen. Die Vielfältigkeit beruht auf der Tatsache, dass ein Werkzeug nicht nur mit Blick auf das zentrale Thema, das es abzudecken gilt, beurteilt werden kann. Im wirtschaftlichen Umfeld müssen immer auch zahlreiche andere Gesichtspunkte betrachtet werden. So seien für ein Software-Tool z.B. Aspekte wie die Lizenz-Bedingungen, der Kunden-Support durch den Hersteller, die Dokumentation des Produkts und die Kompatibilität mit anderen Werkzeugen genannt. Auch wenn diese Gesichtspunkte erst nach der eigentlichen Funktion des Tools betrachtet werden, sei explizit auf deren Wichtigkeit hingewiesen. Abgesehen vom Faktor Kosten, legen Faktoren wie Support und Dokumentation fest, wie rentabel ein Tool in einer Firma genutzt werden kann. Auch die Kompatibilität ist ein unabdingbarer Punkt für dessen Produktivität. In dem hier betrachteten Tätigkeitsbereich sei z.B. auf ein Produkt wie MATLAB hingewiesen, das für viele Tools leistungsstarke Erweiterungen bietet. Aufgrund der Tatsache, dass ein ausführlicher Vergleich des Arctic Studio mit anderen AUTOSAR-Produkten nicht nur diese vielschichtige Betrachtung erfordert, sondern auch profunde Kenntnisse über die anderen am Vergleich beteiligten Produkten und deren Anwendung voraussetzt, wird auf eine Beurteilung im Sinne von Vorteile und Nachteile bewusst verzichtet.

Es liegt nicht im Ermessen eines Studenten ein Tool, das auf der Arbeit erfahrener Entwickler beruht, im Rahmen der Embedded Entwicklung mit AUTOSAR im Sinne von gut oder mangelhaft zu beurteilen. Der Begriff „Evaluierung" ist hier differenziert zu betrachten. Es muss beachtet werden, dass es sich in erster Linie um die Inbetriebnahme des Tools für die ITK Engineering AG handelt, wobei zugleich die persönliche Einarbeitung in die Thematik AUTOSAR erfolgt ist. Grundsätzlich sollte der Arbeitsablauf mit dem Produkt betrachtet und geprüft werden, ob und auf welche Weise Embedded Funktionalitäten realisiert werden können. Das langfristige Ziel des Projektes IM_ARC_CORE ist es, das Software-Werkzeug für die ITK Engineering AG auf seine Einsatzfähigkeit und Eignung im Rahmen von AUTOSAR-Projekten mit Kunden und Partnern der Automobilbranche zu prüfen. Ein Grundstein hierfür wurde mit dieser Arbeit gelegt.

Auch wenn die Evaluierung, wie es im vorherigen Abschnitt erklärt wurde, differenziert zu betrachten ist, so gelten für die Betrachtung des Produktes Arctic Studio als Richtlinien die AUTOSAR definierten Spezifikationen und die von der ITK Engineering AG definierten Anforderungen. Auf beide Punkte wurde bei dieser Arbeit detailliert eingegangen. So wird der Bezug zur AUTOSAR-Spezifikation ausführlich im Unterkapitel „4.1 Arctic Studio" beleuchtet. Die dabei angewandte Vorgehensweise mag, wie es dort bereits gesagt wurde, keine kritische Betrachtung sein. Für ein Tool, bei dem die Dokumentation selbst nicht direkt den detaillierten Bezug zu den Spezifikationen herstellt, stellen die dort aufgeführten Aussagen aber ein wertvolles Bindeglied zwischen dem Standard und dem Tool dar.

Die von der ITK Engineering AG definierten Kriterien sind zusätzliche Aspekte, die über den Standard AUTOSAR hinausgehen. So wurde beispielsweise im Unterkapitel „4.2 Entwicklung eines AUTOSAR-basierten Eingebetteten Systems" ein für die professionelle Nutzung des Tools entscheidender Punkt beleuchtet. Die Interaktion mit Code-Generatoren wie TargetLink und Embedded Coder stellt ein wichtiges Kriterium für eine produktive Arbeit bei der Erstellung von innovativen Embedded Systemen dar. Das reibungslose Zusammenwirken von Arctic Studio mit solchen Code-Generatoren ermöglicht, das Bindeglied zwischen dem Standard AUTOSAR und der Implementierung komplexer Algorithmen auf Applikationsebene zu schaffen. Die Erprobungen, die in dieser Arbeit dokumentiert sind, weisen auf die prinzipielle Möglichkeit und Funktionsfähigkeit dieses Zusammenwirkens hin. Die Betrachtung von komplexeren Modellen ist in einem weiteren Projekt-Verlauf aber durchaus sinnvoll. Über diese Evaluierungen hinaus, ist es lohnenswert weitere Aspekte zu betrachten.

Dieses abschließende Kapitel soll genutzt werden, um das Arctic Studio nach dem für ein Produkt offensichtlichstem Kriterium zu beurteilen, der zugrunde-liegenden Funktionalität. Im Unterkapitel 2.3 wurde von Automotive Embedded Software Entwicklung gesprochen, im Unterkapitel 3.3.1 wurde die AUTOSAR Methodology beleuchtet, und im Unterkapitel 4.1 wurde das Arctic Studio vorgestellt. Es bietet sich also an, hierauf aufbauend an dieser Stelle eine aussagekräftige Zusammenfassung zu bieten, die das Arctic Studio und weitere AUTOSAR-Tools in diese Zusammenhänge einbettet. Hierfür sollen sowohl die Tabelle in der **Abbildung 56** als auch die **Abbildung 57** dienen.

Tools Schritte	ArcCore Arctic Studio	Vector PREEvision	Vector DaVinci Developer	Vector DaVinci Configurator	dSPACE SystemDesk	dSPACE TargetLink	Elektrobit Tresos Studio
System-Architektur Design: "Configure System" [A]	X				X		
Software-Architektur Design [B]	X				X		
SWC Design [C]	X		X		X		
"Extract ECU-Specific Information" [D]	X	X	X		X		X
SWC-Implementierung mit Code-Generiereung: "Implement Component" [E]						X	
"Configure ECU" [F] — BSW-Konfiguration und -Generierung [F1]	X				X		X
"Configure ECU" [F] — Generierung der RTE [F2]	X		X		X		X
Integration der gesamten ECU-Software und "Generate Executable" [G]	X						

Abbildung 56: Tabellarische Darstellung der Nutzungsbereiche in der Entwicklung für eine Auswahl an AUTOSAR-Tools, Gegenüberstellung zum Arctic Studio

In der **Abbildung 56** sind tabellarisch neben dem Arctic Studio auf dem Markt bekannte Software-Werkzeuge aufgelistet. Die dort neben dem in dieser Arbeit untersuchten Software-Werkzeug zu findenden Produkte stammen von Vector Informatik GmbH[230], dSPACE GmbH[231] und Elektrobit Corporation[232], und ihre Beiträge in der Entwicklung von Eingebetteten Systemen im Automotive Bereich werden dort verdeutlicht. Die **Abbildung 57** soll die Informationen, die in der vorherigen Darstellung zusammengetragen wurden, pragmatisch darstellen. Die gebündelte Information, auf der die Aussagen der beiden angeführten Graphiken beruhen, kann aus praktischen Erwägungen nicht mit sämtlichen Quellen-Angaben versehen werden. Es handelt sich lediglich um einen Versuch eine Übersicht zu den Aktivitätsbereichen der verschiedenen Produkte zu bieten und insbesondere das Arctic Studio auf dem Markt zu positionieren. Die angeführten Produkte der anderen Hersteller werden nicht weiter vorgestellt, sondern lediglich in die Entwicklung mit AUTOSAR eingebettet.

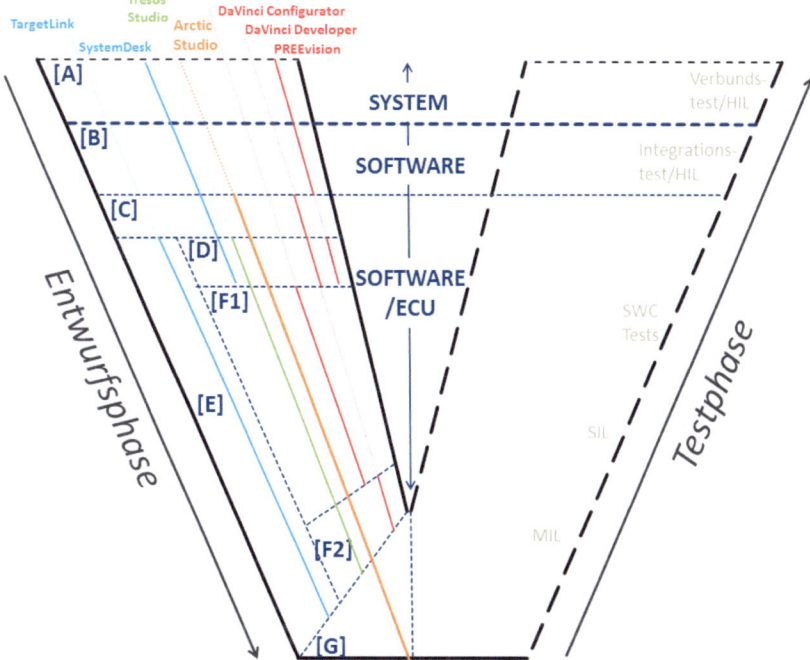

Abbildung 57: Darstellung der Nutzungsbereiche in der Entwicklung auf Basis des V-Modells für eine Auswahl an AUTOSAR-Tools, Gegenüberstellung zum Arctic Studio

Die in beiden Abbildungen dargestellten Schritte orientieren sich zum einen an der üblichen V-Darstellung, bei der, wie es auch mit der **Abbildung 7** erläutert wird, von der System-Ebene in Richtung konkrete Implementierung der Software entwickelt wird. Zum anderen wird der AUTOSAR-Workflow, wie er mit der Methology in der **Abbildung 13** beschrieben wird, betrachtet. Die für AUTOSAR charakteristischen Schritte wie „Configure ECU" sind in der Tabelle kenntlich gemacht. In der V-Darstellung der **Abbildung 57**, werden die Referenzen aus der Tabelle für die Schritte genutzt. Die in der Praxis angewandten Vorgehensweisen können mit Bezug auf das V-Modell und die AUTOSAR Methodology am besten beschrieben werden.

---

[230] [B91]
[231] [B23]
[232] [B92]

Nach dem Übergang von der System-Ebene zur Software-Ebene wird in dem Schritt „SWC Design" ein konkretes Steuergerät betrachtet. Die Arbeit mit dem SWC Builder entspricht z.b. diesem Schritt. Die SWC Implementierung wird im V bewusst als parallel zur BSW-Konfiguration ablaufender Prozess dargestellt. Die besondere Stellung der SWC Implementierung im AUTOSAR Workflow wurde mehrfach angesprochen. Es muss gesagt werden, dass der Test-Ast des V hier nicht weiter betrachtet wird, da es in erster Linie um einen Vergleich von Entwicklungstools geht. Der rechte Ast ist daher schraffiert dargestellt: Charakteristische Schritte wie MIL (Model-In-The-Loop), SIL (Software-In-The-Loop) und HIL (Hardware-In-The-Loop) sind der Vollständigkeit halber angedeutet. Der Größen-Unterschied für die einzelnen Phasen in der V-Darstellung soll ohne Bedeutung sein. Wie man durch die gestrichelte obere Linie erkennen kann, soll in der Abbildung des V nicht näher auf System-Betrachtungen eingegangen werden. Es sollte betont werden, dass die Werkzeuge, die hier auf System-Ebene agieren, nicht sämtliche Aufgaben, die dort anfallen, unterstützen können. Das Erstellen von Lastenheften und deren Analyse seien als Beispiel genannt. Zuletzt kann darauf hingewiesen werden, dass im V bewusst typische Farben der Produkte genutzt werden, um die Tools zu kennzeichnen.

Dabei sollte keines der hier genannten Software-Werkzeuge negativ dargestellt werden. Jedes dieser Tools hat seine eigenen Stärken und jeder der Hersteller genießt im Embedded Bereich und über diesen hinaus eine Reputation für entsprechende Leistungen. Des Weiteren bieten die meisten Hersteller durchaus weitere Produkte an, die zusätzliche AUTOSAR-Bereiche abdecken. Die nicht genannten Produkte sollen an dieser Stelle nicht in Vergessenheit geraten. Es gibt durchaus noch weitere Hersteller, die Produkte auf dem Markt der AUTOSAR Tools anbieten. Klargestellt werden muss auch, dass die Betrachtungen grundsätzlich auf den Bereich der Entwicklung im linken Ast des V-Modells fokussiert sind. Selbstverständlich beinhaltet der AUTOSAR-Markt auch Produkte, die den Test-Bereich, im rechten Ast des V-Modells, abdecken. Produkte wie TargetLink bieten hierfür, mit Funktionen wie SIL z.T. auch eigene Ansätze. Es geht hier nicht darum, eine Marktübersicht zu liefern. Vielmehr soll eine potenzielle Stärke des bei dieser Arbeit betrachten Produktes, Arctic Studio, offengelegt werden. Es deckt grundsätzlich einen großen Bereich der Entwicklung mit AUTOSAR ab. Arctic Studio ermöglicht mit seinen Unterprodukten einen durchgehenden AUTOSAR-Durchlauf, wie es im Unterkapitel „4.1.5 Workflow und Bezug zu AUTOSAR" erläutert wurde. Dieser deckt jedoch nicht die komplette Methodology ab. Arctic Studio tritt den AUTOSAR-Produkten der Konkurrenz mit verhältnismäßig geringen Lizenz-Kosten[233] entgegen. Nicht nur, dass das Produkt geringe Lizenz-kosten, gegenüber den anderen Produkten des Marktes aufweist, sondern auch dass ein durchgehender Workflow ermöglicht wird, rechtfertigt die Betrachtung des Arctic Studio als ein Produkt, auch wenn es de facto aus verschiedenen Plug-Ins besteht.

Es muss bei den vorherigen Betrachtungen betont werden, dass die Tiefe der Evaluierung ein entscheidender Punkt ist. Bei dieser Arbeit wurde lediglich ein Bruchteil der möglichen Konfigurationen beleuchtet. So gibt z.B. über diese Arbeit hinaus eine Vielzahl an BSW-Modulen, die konfiguriert werden können und verschiedene Strukturen auf Applikationsebene, die es zu betrachten gilt. Auch, dass sich die hier angefertigte Arbeit auf Betrachtung eines bestimmten µC, des MPC5567 von Freescale, bezieht, sollte nochmals gesagt werden. Die breite Abdeckung der Hardware des Automotive-Bereichs ist ein wichtiges Kriterium für den Einsatz eines Tools, zumal die BSW-Konfiguration hier Teil der Betrachtung ist. Der im Folgenden angesprochene Faktencheck bietet hierzu Informationen.

Um an dieser Stelle einen möglichst neutralen Beitrag zur Evaluierung zu bieten, der auch eine gute Übersicht zum Arctic Studio aus Sicht der ITK Engineering AG gibt, wird im Anhang ein umfangreicher Faktencheck präsentiert. Das Produkt wird dort auf verschiedene Kriterien geprüft, wie sie eingangs in diesem Unterkapitel angesprochen wurden und die sich im Rahmen eines Innovationsprojektes, wie es IM_ARC_CORE ist, anbieten. Ziel ist es, den Faktencheck langfristig in einer Art Matrix zu einer Gegenüberstellung mit weiteren AUTOSAR-Produkten auszuweiten. Diese Arbeit ist ein erster Schritt, um einen sachgerechten Vergleich verschiedener AUTOSAR-Produkte zu ermöglichen.

---

[233] Detaillierte Preis-Auskünfte müssen bei ArcCore AB angefragt werden.

Eine Eigenschaft, die generell positiv zu werten ist, sollte ebenfalls in diesem Unterkapitel angesprochen werden. Es dreht sich dabei um Artop. Wie es bei der Vorstellung zum Arctic Studio erklärt wurde, setzt dieses auf der AUTOSAR Tool Platform auf. Diese Tatsache ist von besonderer Bedeutung, wenn es um die Kompatibilität von Software-Werkzeugen im Automotive Embedded Bereich geht. In einer durchgängigen Systementwicklung ist dieses Kriterium von großer Bedeutung. Über Eclipse[234] hinaus bietet Artop mit seiner oberen Schicht dem AAL[235] (Artop AUTOSAR Layer) ein Grundgerüst für die Entwicklung von AUTOSAR-Tools und verbessert also deren Entwicklungsmöglichkeiten; der Standardisierungsgedanke von AUTOSAR wird demnach auch hier umgesetzt. Eclipse und Artop bieten auf diese Weise eine Basis für eine durchgängige System-Entwicklung, da die auf ihnen aufgesetzten Tools prinzipiell gut interagieren können. Eclipse selbst bietet durch seine Bekanntheit, verbreitete Nutzung, Erweiterbarkeit und nicht vorhandene Lizenz-Kosten ein solides Fundament für AUTOSAR-Werkzeuge. Das Updaten der Plug-Ins wie auch des Arctic Studio eigenen Repository sind Aspekte, die der Nutzer der ArcCore-Tool-Kette, für eine erfolgreiche Nutzung beachten muss.

Um die Evaluierung sachgerecht durchzuführen, soll in diesem Unterkapitel abschließend auch explizit auf kritische Gesichtspunkte eingegangen werden. Die bei der Nutzung des Arctic Studio offensichtliche Schwachstelle ist wohl die Dokumentation. Wie es im Faktencheck zu sehen ist, ist bis zum aktuellen Zeitpunkt noch keine nutzungsgerechte Anleitung zum Umgang mit dem Arctic Studio vorhanden. Die bisher verfügbaren Dokumente gehen nur sehr oberflächlich auf die Zusammenhänge ein, die für die Handhabung eines Software-Werkzeugs im AUTOSAR-Umfeld notwendig sind. Für einen Nutzer ohne AUTOSAR-Vorkenntnisse sind der Einstieg und das Erlernen der Handhabung daher besonders zeitaufwendig. Das Kapitel 4.1 dieser Arbeit soll einen Leitfaden für die Handhabung des Arctic Studio bieten. Prinzipiell liefert die Eclipse-Hilfe-Funktion eine gute Basis im Umgang mit dem Arctic Studio, jedoch sind die Inhalte speziell zu Arctic Studio auch hier sehr begrenzt. Einen sinnvollen Ansatz bietet momentan nur die Hilfe zum BSW Builder. Auch auf die Tatsache, dass der Nutzer sich bisweilen sogar mit der Nutzer-Oberfläche vollständig selbst überlassen bleibt, muss hingewiesen werden. So gibt es bis zum jetzigen Zeitpunkt noch keine Erläuterungen zum ADC-Modul der BSW, dessen Konfiguration je nach Fall-Gestaltung relativ komplex werden kann.

Für den Anwender bleiben bestimmte Sachbereiche bei der Handhabung von Arctic Studio nur sehr schwer zugänglich. Arctic Studio bietet zwar dem Benutzer mit Eclipse eine bekannte Oberfläche und die AUTOSAR-Konfigurationen erfolgen über seine speziellen ARXML-Editoren, die auch mit mangelnder Dokumentation verhältnismäßig intuitiv bedient werden können, jedoch gehören auch komplexere Eingriffe zur Arbeit mit dem Arctic Studio. Ohne genauere Details zu nennen, sei gesagt, dass für Module wie das IoHwAb oder den SchM (Schedule Manager)[236] manuelle Eingriffe in C-Code notwendig sind. Dies setzt über AUTOSAR hinaus auch Verständnis für die Tool-Abläufe voraus und Erklärungen hierzu bleiben dokumentationsseitig und vom Support-Team nur sehr oberflächlich. Auch Eingriffe in Make-Files gehören zur Nutzung des Arctic Studio. Diese bleiben i.d.R. überschaubar, für den Nutzer sind sie jedoch nicht ohne weiteres nachvollziehbar.

Im Automotive Bereich ist die Anbindung von ECUs an BUS-Systeme ein elementarer Gesichtspunkt. Gerade bei sicherheitskritischen Systemen, wie dem im zweiten Kapitel erwähnten Steer-By-Wire, wird der Einsatz einer BUS-Last-unabhängigen, deterministischen und fehlertoleranten Kommunikation notwendig: Hier setzt FlexRay an[237]. Im Arctic Studio ist bislang noch kein Stack für die Konfiguration von FlexRay vorhanden. Die Anbindung von ECUs an dieses BUS-System, das immer mehr an Bedeutung gewinnt, ist zum jetzigen Zeitpunkt also noch nicht möglich.

Auch wenn Arctic Studio ein stimmiges Gesamtkonzept als ein Tool für AUTOSAR, dessen Nutzeroberfläche Anwender-freundlich gestaltet ist, bietet, so lassen sich auch hier bei nüchterner

---

[234] [B84] geht weiter auf Eclipse, Artop und deren Bezug zu AUTOSAR ein.

[235] Dieser wurde in dieser Arbeit noch nicht erwähnt. Es handelt sich dabei um die Schicht über dem ECL (Artop Eclipse Complementary Layer). Beide zusammen bilden Artop.

[236] [B91], S.12

[237] Vgl. [B90]

Betrachtung durchaus noch Verbesserungsmöglichkeiten ausmachen. So können z.B. die im SWC Builder getätigten Arbeitsschritte für eine einfach strukturierte Applikationen, bei der die Gliederung in SWCs und Runnables und die Kommunikationsverhältnisse überschaubar bleiben, relativ gut erledigt werden. Im Falle komplexer Applikationssysteme, bietet sich aber eine verbesserte graphische Oberfläche an, wie man sie beispielsweise von Simulink gewohnt ist. Es sei an dieser Stelle exemplarisch auf das Produkt Vector DaVinci Developer[238], das in diesem Umfeld einen Maßstab setzt, hingewiesen. Eine beispielhafte Konfigurationsansicht dieses Werkezugs für eine Applikation mit verschiedenen SWCs kann im Anhang eingesehen werden.

---

[238] [B85]

5 Fazit und Ausblick

Diese Studie präsentiert die ersten Ergebnisse der Evaluierung des AUTOSAR-Tools Arctic Studio für die ITK Engineering AG. Wie insbesondere das Unterkapitel 4.1 zeigt, lässt sich nach der im Laufe dieser Arbeit erfolgten Einarbeitung deutlich der Bezug des Workflows bei Nutzung des betrachteten Software-Werkzeugs zum Standard AUTOSAR erkennen. In diesem Unterkapitel wird die Vorgehensweise für die AUTOSAR-konforme Erstellung von Embedded Software mit dem Arctic Studio beleuchtet und insbesondere dessen Fundament, die AUTOSAR-Spezifikation, hervorgehoben.

Das Unterkapitel 4.2 geht näher auf die in dieser Arbeit gesammelten Erfahrungen bei der Entwicklung eines Embedded Systems mit Arctic Studio ein und zeigt, dass dessen Erstellung mit dem betrachteten Produkt möglich ist. Insbesondere der für die Entwicklung fortgeschrittener Funktionalitäten relevante Aspekt der Interaktion mit Behaviour Modeling Tools wird dort weiter beleuchtet. Es stellt sich heraus, dass der Austausch des ARXML-Formats zwischen Arctic Studio und dSPACE TargetLink einerseits und zwischen Arctic Studio und The Mathworks Embedded Coder andererseits bei der Erprobung einfacher Modelle positiv verläuft. Auch der Import des generierten Code aus den modellbasierten Code-Generatoren zurück in das betrachtete Software-Tool, wobei das Augenmerk auf den Schnittstellen liegt, konnte in diesen Fällen erfolgreich durchgeführt werden.

Im Unterkapitel 4.3 wird die im Titel dieser Arbeit angesprochene Evaluierung des Arctic Studio durchgeführt. Durchgehend positiv ist die breite Abdeckung des AUTOSAR-Workflows mit dem Arctic Studio zu bewerten. Die Gegenüberstellung zu anderen Produkten der AUTOSAR-Tool-Palette zeigt deutlich, wie mit dem Arctic Studio ein breiter und durchgängiger Arbeitsprozess innerhalb von AUTOSAR erfolgen kann. Besonders augenfällig gegenüber den Werkzeugen der Marktführer sind vor allem die geringen Lizenzkosten des Arctic Studio. Als deutliche Schwachstellen des Arctic Studio sind momentan die Dokumentation des Produktes und die angebotenen Hilfestellungen zu nennen.

Ein weiterer positiver Gesichtspunkt ist die Basis des Arctic Studio, die Plattform Artop. Das Produkt setzt mit der AUTOSAR-spezifischen Entwicklungsschicht für Tools nicht nur auf der für die Software-Entwicklung renommierten IDE Eclipse auf, sondern nutzt eine potenziell bedeutende Grundlage für die zukünftige Entwicklung von AUTOSAR-Werkzeugen. So wie AUTOSAR mit seinem Grundgerüst die Entwicklung von Funktionalitäten im Embedded Bereich beschleunigen soll, so bietet Artop den AUTOSAR-Toolherstellern einen Rahmen für neue AUTOSAR-Werkzeuge. Die Weiterentwicklung von Arctic Studio kann potenziell schnell erfolgen, da ArcCore seine Bemühungen auf die Kernkompetenzen eines AUTOSAR-Tools konzentrieren kann. Im Optimalfall bietet sich zukünftig die Interaktion mit weiteren Artop-basierten Werkzeugen an.

In dem spannenden Umfeld AUTOSAR mit seinen sinnvollen Ansätzen zur Standardisierung im komplexen E/E-Umfeld bestehen gute Chancen für eine interessante Entwicklung der Firma ArcCore AB. Mit der Firma EASYCORE GmbH hat sich neuerdings ein *„Technical Associate"* von ArcCore AB auf dem deutschen Markt positioniert. Die ITK Engineering AG ist bereits einen Kooperationsvertrag mit der genannten Firma eingegangen. Die Interaktion mit diesen Firmen rechtfertigt große Erwartungen und bietet für die ITK Engineering AG einen erfolgsversprechenden Ansatz für dynamische Entwicklungen mit Partnern und Kunden im AUTOSAR-Umfeld. Geringe Lizenzkosten, eine potenziell schnelle Entwicklung und das Fundament Artop sind die Stärken von Arctic Studio. Es sei darauf hingewiesen, dass Diskussionen zum Einsatz des Produkts in Kunden-Projekten geführt werden.

Für den Verfasser hat diese Arbeit zu einem großen Lerneffekt geführt. Die Aktualität der Thematik und der Umgang mit einem für das hier angesprochene technische Umfeld übergeordneten Maßstab, wie ihn AUTOSAR darstellt, haben entscheidend zu einem persönlichen Mehrwert beigetragen. AUTOSAR verkörpert aus Sicht des Autors dieser Arbeit ein hervorragendes Regelwerk für die Entwicklung von Embedded Systemen, von der System-Sicht bis ins Detail. Die zukünftigen Entwicklungsmöglichkeiten der betrachten Thematik sind sehr vielversprechend.

Abbildungsverzeichnis

Abbildung 1: Übersicht zum funktionalen Aufbau eines Steuergeräts, Quelle: [A3] 3

Abbildung 2: Blockschaltbild des Systems Fahrer-Fahrzeug-Umwelt, nach [A1] 4

Abbildung 3: Regelkreis einer Fahrzeugfunktion, Quelle: [A3] 5

Abbildung 4: Logische Vernetzung „a)" und Steuergeräte-Vernetzung „b)" in einem KFZ, nach [A1] 6

Abbildung 5: Steuergeräte-Topologie der Modell-Plattform Audi A6 und A7 aus dem Jahre 2011, Quelle: [B94] 7

Abbildung 6: Ablauf zur technischen Programmerzeugung, Quelle: [A13] 8

Abbildung 7: V-Modell, Quelle: [A3] 10

Abbildung 8: Teilung des V-Modells zwischen OEM und Zulieferer, Quelle: [A15] 12

Abbildung 9: Multiplizität in den OEM-Zulieferer-Beziehungen, Quelle: [A15] 12

Abbildung 10: AUTOSAR Timeline, Quelle: [B4] 16

Abbildung 11: Themenbereiche von AUTOSAR, Quelle: [B5] 18

Abbildung 12: Architektonischer Wechsel von AUTOSAR, Quelle: [B6] 19

Abbildung 13: AUTOSAR Methodology und zugehörige Sichten, Quelle: [B17] 20

Abbildung 14: Methodology, „Configure System", Quelle: [B17] 22

Abbildung 15: Methodology, Detailansicht auf „Configure ECU", Quelle: [B16], bearb. 23

Abbildung 16: Methodology, Detailansicht auf „Generate Executable", Quelle: [B16], bearb. 24

Abbildung 17: AUTOSAR Schichten-Architektur, Quelle: [B19], bearb. 26

Abbildung 18: AUTOSAR Applikationssoftware, Quelle: [B18], bearb. 28

Abbildung 19: Vertikale Gliederung der AUTOSAR Schichten-Architektur, Quelle: [B19], bearb. .. 29

Abbildung 20: AUTOSAR Architektur nach ICC3, Quelle: [B19] 30

Abbildung 21: Übersicht von Kommunikationsmechanismen in AUTOSAR, Quelle: Autor 32

Abbildung 22: AUTOSAR Composition, Quelle: [B17] 33

Abbildung 23: Vergleich der Aufwandsentwicklung mit und ohne AUTOSAR, Quelle: [B6] 40

Abbildung 24: Artop, Bezug zu Eclipse, Quelle: [B39] 45

Abbildung 25: Gesamtansicht auf Arctic Studio, Quelle: Arctic Studio, ArcCore AB 47

Abbildung 26: Arctic Studio Toolchain Workflow, Quelle: [B44] 48

Abbildung 27: Template Definition für das System Template, Quelle: [B52] 51

Abbildung 28: AUTOSAR-Metamodell und Übersicht der Templates, Quelle: [B53] 52

Abbildung 29: View des SWC Builder in Arctic Studio, Konfiguration des SWC Template, Quelle: Arctic Studio, ArcCore AB 53

Abbildung 30: Drei Ebenen des SWC Template, Quelle: [B22] 55

Abbildung 31: UML-Unterklassen des AtomicSoftwareComponentType, Quelle: [B22] 56

Abbildung 32: Reiter „Port Mappings" im Extract Builder, Quelle: Arctic Studio, ArcCore AB 57

Abbildung 33: ComponentType und ComponentPrototype des AUTOSAR-Metamodells, Quelle: [B46] 58

Abbildung 34: View des BSW Builder in Arctic Studio, Übersicht der BSW-Module, Quelle: Arctic Studio, ArcCore AB 59

Abbildung 35: View des BSW Builder und Button „Generate system model for this module", Quelle: Arctic Studio, ArcCore AB 60

Abbildung 36: View des SWC Builder und Option „Show Objects from all files", Quelle: Arctic Studio, ArcCore AB 62

Abbildung 37: View des SWC Builder und Ansicht auf PDUs, Quelle: Arctic Studio, ArcCore AB 63

Abbildung 38: View des Extract Builder, „Connect BSW signals and ports", Quelle: Arctic Studio, ArcCore AB 63

Abbildung 39: Vom Extract Builder hinzugefügte Connectors in der ARXML Datei, Quelle: Arctic Studio, ArcCore AB 64

Abbildung 40: Iterative Konfiguration der BSW-Module, Quelle: [B53] 66

Abbildung 41: Zusätzliche Konfigurationen in Arctic Studio, Quelle: Arctic Studio, ArcCore AB 66

Abbildung 42: Teil der View des RTE Builder, Quelle: Arctic Studio, ArcCore AB 68

Abbildung 43: Generierung der RTE, Quelle: [B16] 68

Abbildung 44: Generierung der BSW-Konfigurationsdateien, Quelle: [B16] 69

Abbildung 45: Hardware-Anordnung für das Debugging mit dem IC3000 der iSYSTEMS AG, Quelle: [B74] 71

Abbildung 46: Durchlauf des MCU Driver bei der Initialisierung, Quelle: [B76] 72

Abbildung 47: Reiter zur Konfiguration des Moduls Port im BSW Builder, Quelle: Arctic Studio, ArcCore AB 73

Abbildung 48: OS, Scheduling und Dispatching, Quelle: [A3] 74

Abbildung 49: Teil des Reiters für die Konfiguration des OS im BSW Builder, Quelle: Arctic Studio, ArcCore AB 76

Abbildung 50: Konfiguration eines Alarms für das OS, Quelle: Arctic Studio, ArcCore AB 77

Abbildung 51: SWC Builder, Benennung von Elementen, Quelle: Arctic Studio, ArcCore AB 78

Abbildung 52: Nutzung der „Call Hierarchie" von Eclipse, Quelle: Arctic Studio, ArcCore AB 79

Abbildung 53: Modell-Ansicht im Embedded Coder nach dem ARXML-Import, Quelle: Embedded Coder, The Mathworks 83

Abbildung 54: Sequenzdiagramm zur Motor-Regelung, Quelle: Autor 85

Abbildung 55: Struktur der Software für die Motor-Regelung mit CDD, Quelle: Autor 88

Abbildung 56: Tabellarische Darstellung der Nutzungsbereiche in der Entwicklung für eine Auswahl an AUTOSAR-Tools, Gegenüberstellung zum Arctic Studio, Quelle: Autor 90

Abbildung 57: Darstellung der Nutzungsbereiche in der Entwicklung auf Basis des V-Modells für eine Auswahl an AUTOSAR-Tools, Gegenüberstellung zum Arctic Studio, Quelle: Autor 91

Literaturverzeichnis

[A1]: Jörg Schäuffele, Thomas Zurawka: „Automotive Software Engineering. Grundlagen, Prozesse Methoden, und Werkzeuge effizient einsetzen". 4. Auflage. Vieweg + Teubner, Wiesbaden, 2010.
[A2]: Auto Jahresbericht 2005, Verband der Automobilindustrie.
[A3]: Konrad Reif: „Automobilelektronik. Eine Einführung für Ingenieure". 4. Auflage. Vieweg + Teubner, Wiesbaden, 2012.
[A4]: Manfred Krüger: „Grundlagen der Kraftfahrzeugelektronik. Schaltungstechnik". 2. Auflage. Hanser, München, 2008.
[A5]: Harald Richter: „Elektronik und Datenkommunikation im Automobil". In der Reihe: IfI Technical Report Series. Institut für Informatik, Technische Universität Clausthal, 2009.
[A6]: Toralf Trautmann: „Grundlagen der Fahrzeugmechatronik. Eine praxisorientierte Einführung für Ingenieure, Physiker und Informatiker". 1.Auflage. Vieweg+Teubner, Wiesbaden, 2009.
[A7]: Prof. Dr. Dr. H. C. Manfred Broy: „Mit welcher Software fährt das Auto der Zukunft?". In: ATZ extra, Ausgabe 2011-03.
[A8]: Olaf Kindel, Mario Friedrich: „Software-Entwicklung mit AUTOSAR. Grundlagen, Engineering, Management in der Praxis". 1.Auflage. dpunkt.verlag, Braunschweig, 2009.
[A9]: Karsten Berns, Bernd Schürmann, Mario Trapp: „Eingebettete Systeme. Systemgrundlagen und Entwicklung eingebetteter Software". 1. Auflage. Vieweg+Teubner, Wiesbaden, 2010.
[A10]: Dr. Roman Pallierer, Dipl-Ing. Florian Wandling: „Autosar 4.0 – und jetzt? Herausforderungen und Lösungsansätze für den Einsatz". In: ATZelektronik, Ausgabe 2012-03.
[A11]: Prof. Dr.-Ing. K.-D. Müller-Glaser: Modellbasierter Test von Kfz-Steuergeräten – Chancen und Herausforderungen. AutoTest 2008. Fachkonferenz zum Test von Hardware und Software in der Automobilentwicklung, Haus der Wirtschaft, Stuttgart, 22. – 23. Oktober 2008.
[A12]: Reiner Kriesten: „Embedded Programming. Basiswissen und Anwendungsbeispiele der Infineon XC800-Familie". Oldenbourg Verlag, München, 2012.
[A13]: Reiner Kriesten: „SW-Engineering - Strukturen eingebetteten Codes – Modellbasierte Modellierungstechniken -".
[A14]: Prof. Dr. Christian Siemers: "Handbuch Embedded Systems Engineering", V 0.40a TU Clausthal und FH Nordhausen.
[A15]: Dr. Dieter Lederer, Dr, Günther Heling, Dr. Joachim Fetzer und Dr. Thomas Beck: „Der Schlüssel zum Erfolg. Durchgängige Systems-Engineering-Prozesse – eine vordringliche Aufgabe". In: Elektronik Automotive, Ausgabe: Juni 2002.
[A16]: Dipl.-Inform. Alexander Michailidis, Dr.-Ing. Thomas Ringler, Dr.-Ing. Bernd Hedenetz, Prof. Dr.-Ing. Stefan Kowalewski: „Virtuelle Integration modellbasierter Fahrzeugfunktionen unter Autosar". In: ATZelektronik, Ausgabe: 2010-01.
[A17]: Prof. Dr.-Ing. Klemens Gintner: "Grundlagen der Sensorik und Signalaufbereitung. SEN101". AKAD.
[A18]: Vector Informatik GmbH: "Specialized Glossary for AUTOSAR terms. Includes AUTOSAR 4.0 and 3.2". 2012.
[A19]: Rudolf Grave "Autosar Complex Driver entwickeln. Wenn die Funktion nicht in der Autosar-Spec steht...". In: Automobil Elektronik, Ausgabe: Januar 2011
[A20]: Dipl.-Inform. Alexander Michailidis, Dr.-Ing. Thomas Ringler, Dr.-Ing. Bernd Hedenetz, Prof. Dr.-Ing. Stefan Kowalewski: „Virtuelle Integration Modellbasierter Fahrzeugfunktionen Unter AUTOSAR". In: ATZelektronik, Ausgabe: 2010-01.
[A21]: Dipl.-Ing. (FH) Matthias Wernicke, Dipl.-Ing. (FH) Jochen Rein: „Einbindung bestehender Steuergerätesoftware in die Autosar-Architektur". In: ATZelektronik, Ausgabe: 2007-01.
[A22]: Christian Dziobek, Dr. Florian Wohlgemuth, Dr. Thomas Ringler: „AUTOSAR im Entwicklungsprozess. Vorgehen bei der Serien-Einführung der modellbasierten AUTOSAR-Funktionsentwicklung.". In: dSPACE-Magazin Daimler, Ausgabe: 2008-02.
[A23]: Dr. Karsten Schmidt, Frank Gesele: „Shock Absorber Control the AUTOSAR Way". In: dSPACE NEWS, Ausgabe: 2008-01.

[A24]: Dr. Ulrich Eisemann: „AUTOSAR leicht gemacht Modellbasierte Entwicklung in einer AUTOSAR-Werkzeugkette". In: Elektronik automotive, Ausgabe: 2010-11.

[A25]: Guido Sandmann, Michael Seibt: "AUTOSAR-Compliant Development Workflows: From Architecture to Implementation – Tool Interoperability for Round-Trip Engineering and Verification & Validation". 2012-01

[A26]: *Dipl.-Ing. Markus Deicke; Prof. Dr. Wolfram Hardt; Dr.-Ing. Marcus Martinus*: „Simulation hardwarespezifischer Komponenten von ECU-Software in der virtuellen Absicherung.". In: ATZelektronik, Ausgabe: 2012-03.

[A27]: *Dr.-Ing. Jörg Noack; Dipl.-Inform. Christian Müller*: „Softwarefunktionen erfolgreich mit Autosar entwickeln". In: ATZelektronik, Ausgabe: 2010-04.

[A28]: Oliver Glenz: „Autosar bringt viele Vorteile". In: AUTOMOBIL-ELEKTRONIK, Ausgabe: 2009-02.

[A29]: Yuichi Kamei: „AUTOSAR ECU development process using DaVinci and MICROSAR from Vector". Vector, September 2012.

[A30]: *Dr.-Ing. Günther Heling, Dipl.-Ing. (FH) Jochen Rein, Dipl.-Ing. (FH) Patrick Markl*: „Koexistenz von sicherer und nicht-sicherer Software auf einem Steuergerät". In: Electronica 2012, Ausgabe: 2012-06.

[A31]: Dr. Roman Pallierer, Dipl-Ing. Florian Wandling: „Autosar 4.0 – und jetzt? Herausforderungen und Lösungsansätze für den Einsatz". In: ATZelektronik, Ausgabe: 2012-03.

[A32]: Dr. Sebastian Buck, ITK Engineering AG: „AUTOSAR – Praxis in der modellbasierten Entwicklung". 15. EUROFORUM-Jahrestagung Elektroniksysteme im Automobil, Fachtag, 2011.

[A33]: Dr. Ulrich Eisemann: „Modellbasierte Entwicklung mit AUTOSAR 4.0 und 3.2. Zwei aktuelle AUTOSAR-Versionen – und nun?" In: Hanser Automotive, Ausgabe: 2012-04.

[A34]: Dr. Kai Richter, Dr. Marek Jersak: „Timing-Modelle und –Analysen richtig einsetzten – Teil 1. Echtzeit-Methodik für AUTOSAR-Serienentwicklung". In: Hanser Automotive, Ausgabe: 2011-1-2.

[A35]: Dr. Kai Richter, Dr. Marek Jersak: „Die Echtzeit-Methodik in der Praxis – Teil 2. Echtzeit-Methodik für AUTOSAR-Serienentwicklung". In: Hanser Automotive, Ausgabe: 2011-3-4.

[A36]: dSPACE: „TargetLink. API Reference. TargetLink 3.1". December 2009.

[A37]: The Mathworks: "Real-Time Workshop Embedded Coder™ 5 Reference". 2008.

Internet-Quellen

[B1]:http://www.autosar.org/
[B2]:http://www.vector-elearning.com/vl_can_introduction_portal_de.html
[B3]:http://www.autosar.org/download/papersandpresentations/AUTOSAR_Brochure_EN.pdf
[B4]:http://www.autosar.org/download/papersandpresentations/AUTOSAR_a%20worldwide%20standard,%20current%20developments,%20roll-out%20and%20outlook.pdf
[B5]:http://www.autosar.org/download/papersandpresentations/AUTOSAR_a%20worldwide%20standard.pdf
[B6]:http://www.autosar.org/download/papersandpresentations/AUTOSAR_update.pdf
[B7]:http://www.automotivespice.com/
[B8]:www.jaspar.jp/english/index_e.php
[B9]:http://www.automotive-his.de/
[B10]:http://www.autosar.org/download/papersandpresentations/AUTOSAR_concepts%20for%20efficient%20energy%20management.pdf
[B11]:http://www.asam.net/
[B12]:http://portal.osek-vdx.org/
[B13]:http://v-modell.iabg.de/
[B14]:http://www.mathworks.de/
[B15]:http://de.wikipedia.org/wiki/Software
[B16]:http://www.autosar.org/download/R3.2/AUTOSAR_Methodology.pdf
[B17]:http://www.autosar.org/download/R3.2/AUTOSAR_SWS_VFB.pdf
[B18]:http://www.autosar.org/download/R3.2/AUTOSAR_TechnicalOverview.pdf
[B19]:http://www.autosar.org/download/R3.2/AUTOSAR_LayeredSoftwareArchitecture.pdf
[B20]:http://www7.informatik.unierlangen.de/~dulz/fkom/06/Material/8/AUTOSAR/Achievements%20and%20exploitation%20of%20the%20AUTOSAR%20development%20partnership.pdf
[B21]:http://www.autosar.org/download/R3.2/AUTOSAR_SWS_RTE.pdf
[B22]:http://www.autosar.org/download/R3.2/AUTOSAR_SoftwareComponentTemplate.pdf
[B23]:http://www.dspace.com/de/gmb/home.cfm
[B24]:http://www.elektronikpraxis.vogel.de/embedded-computing/articles/268854/
[B25]:http://www.autosar.org/download/R4.0/AUTOSAR_EXP_LayeredSoftwareArchitecture.pdf
[B26]:http://www.autosar.org/download/conferencedocs11/04_AUTOSAR_CP_Exploitation_Plan_2011_OpenConf2011.pdf
[B27]:http://www.atzonline.de/Aktuell/Interviews/35/141/Autosar-sorgt-fuer-einen-Paukenschlag.html
[B28]: http://www.autosar.org/download/R4.0/AUTOSAR_Release4.0_Overview_RevHistory.pdf
[B29]: http://www.vector.com/portal/medien/supported_standards/xcp/Vector_XCP_Basics_DE.pdf
[B30]:http://www.heise.de/developer/meldung/AUTOSAR-4-0-3-mit-Unterstuetzung-fuer-Partial-Networking-1430797.html
[B31]:http://www.all-electronics.de/texte/anzeigen/46510/Autosar-40-kommt-ins-Rollen
[B32]:http://www.autokon.de/elektronik_software/-/article/33673047/35574430?returnToFullPageURL=back;
[B33]:http://www.elektronikpraxis.vogel.de/embedded-computing/articles/246029/
[B34]:http://www.mingw.org/wiki/MSYS
[B35]:http://www.eclipse.org/
[B36]:http://www.itk-engineering.de/
[B37]:http://www.arccore.com/
[B38]:http://www.artop.org/
[B39]:http://www.artop.org/architecture
[B40]:http://www.artop.org/artext/
[B41]:http://www.arccore.com/products/arctic-studio/
[B42].http://gcc.gnu.org/
[B43]:http://arccore.com/wiki/Quick-start_Tutorial
[B44]:http://arccore.com/wiki/Toolchain_Workflow
[B45]:http://www.eclipse.org/sphinx/
[B46]:http://www.autosar.org/download/R3.2/AUTOSAR_TemplateModelingGuide.pdf

[B47]:http://www.uml.org/
[B48]:http://www.omg.org/spec/UML/
[B49]:http://www.autosar.org/download/R3.2/AUTOSAR_ModelPersistenceRulesforXML.pdf
[B50]:http://www.autosar.org/index.php?p=3&up=2&uup=3&uuup=1&uuuup=0&uuuuup=0
[B51]:http://www.w3.org/
[B52]:http://www.autosar.org/download/R3.2/AUTOSAR_SystemTemplate.pdf
[B53]:http://www.autosar.org/download/R3.2/AUTOSAR_ECU_Configuration.pdf
[B54]:http://subs.emis.de/LNI/Proceedings/Proceedings134/gi-proc-134-019.pdf
[B55]:http://www.autosar.org/download/R3.2/AUTOSAR_InteractionBehavioralModels.pdf
[B56]:http://www.autosar.org/download/R3.2/AUTOSAR_FeatureDefinition.pdf
[B57]:http://www.autosar.org/download/R3.2/AUTOSAR_SWS_COM.pdf
[B58]:http://www.autosar.org/download/R3.2/AUTOSAR_SWS_IO_HWAbstraction.pdf
[B59]:http://www.vector.com/vi_candb_de.html
[B60]:http://notepad-plus-plus.org/
[B61]:http://www.autosar.org/download/R3.2/AUTOSAR_InteroperabilityOfAuthoringTools.pdf
[B62]: http://www.autosar.org/download/R3.2/AUTOSAR_SWS_Port_Driver.pdf
[B63]:http://www.mingw.org/
[B64]:http://www.gnu.org/software/make/
[B65]:http://arccore.com/wiki/Makesystem
[B66]:http://arccore.com/wiki/Building#MSYS
[B67]:http://www.expertcontrol.com/en/index.php
[B68]:http://dload.expertcontrol.com/Downloads/DataSheets/ds_AptiBox.pdf
[B69]:http://cache.freescale.com/files/32bit/doc/ref_manual/MPC5567RM.pdf?fsrch=1&sr=7
[B70]:http://cache.freescale.com/files/32bit/doc/fact_sheet/MPC5567FS.pdf?fsrch=1&sr=8
[B71]:http://www.freescale.com/
[B72]: http://www.isystem.com/products/bluebox/11-products/89-ic3000-activeemulator
[B73]:http://www.isystem.com/
[B74]:http://www.moasystems.co.kr/upload/ic3000&icard_14.jpg
[B75]:http://www.isystem.com/products/winidea
[B75]:http://www.autosar.org/download/R3.2/AUTOSAR_SWS_MCU_Driver.pdf
[B76]:http://www.autosar.org/download/R3.2/AUTOSAR_SWS_OS.pdf
[B77]:http://portal.osek-vdx.org/files/pdf/specs/os223.pdf
[B78]:http://www.barheine.de/OSEK.pdf
[B79]:http://www.autosar.org/download/R3.2/AUTOSAR_SWS_BSW_Scheduler.pdf
[B80]:http://www.lrp.cc/de/produkte/elektromotoren/auto/produkt/truck-puller-brushless-motor-/details/
[B81]:http://www.autosar.org/download/R3.2/AUTOSAR_SWS_DIO_Driver.pdf
[B82]:http://www.dspace.com/de/gmb/home/products/sw/pcgs/targetli.cfm
[B83]:http://www.mathworks.de/products/embedded-coder/
[B84]:http://www.heise.de/ix/artikel/Eclipse-auf-Raedern-883832.html
[B85]:http://www.vector.com/vi_autosar_werkzeuge_de.html
[B86]:http://www.autosar.org/download/R3.2/AUTOSAR_SWS_ADC_Driver.pdf
[B87]:http://www.autosar.org/download/R3.2/AUTOSAR_SWS_PWM_Driver.pdf
[B88]:http://cache.freescale.com/files/32bit/doc/app_note/AN2854.pdf?fsrch=1&sr=7
[B89]:http://www.autosar.org/download/R3.2/AUTOSAR_SWS_DET.pdf
[B90]:https://www.vector.com/vl_flexray_introduction_portal_de.html
[B91]: http://www.autosar.org/download/R3.2/AUTOSAR_SWS_BSW_Scheduler.pdf
[B92]:https://www.vector.com/
[B93]:http://www.elektrobit.com/
[B94]:www.springerprofessional.de
[B95]:http://www.vector.com/vi_microsar_de.html

Anhang

Eckdaten der Aptibox, aus [B68]:

Technical Details

- Freescale PowerPC MPC5567
- 132 MHz - 32 Bit - RISC
- RAM internal/external: 80 kB/512 kB
- Flash internal: 2 MB
- 4 equipable Piggyboard-Slots
- max. 2 FlexRay Controller (cold start ready)
- max. 4 CAN-Interfaces
- Galvanically isolated piggy boards
- 2x Digital In / 3x Digital Out (2x PWM)
- 2x Analog In
- Additional CAN-Interface Extension
- USB-Interface (as well for flashing)
- Ethernet-Interface
- SD-Card-Slot
- Input Voltage: 8 - 28 V (36 V)
- Power consumption: 400 mA @ 12 V
- Size (L / W / H): 200 x 145 x 57 mm
- Weight: 1200 g
- Temperature range: -40° C to 85° C (0° C to 50° C USB)
- Protection type: IP40
- Flash update via USB
- RoHS-conformal according to 2002/95/EC
- CE certified: 89/336/EWG (EMC), 73/23/EWG (low voltage)

Turn-Key AptiBox Configurations

- 2 CAN Piggies
- 4 CAN Piggies
- 2 FlexRay Piggies
- 2 CAN & 2 FlexRay Piggies

AptiBox, Schematic-Auszug, interne Unterlagen der ITK Engineering AG

Sperrvermerk: Dieses Dokument bleibt aufgrund vertraulicher Daten für die Öffentlichkeit gesperrt.

Beispiel einer Konfigurationsdatei: „Mcu_Cfg.c"

```c
/*
 * Configuration of module: Mcu (Mcu_Cfg.c)
 *
 * Created by:
 * Copyright:
 *
 * Configured for (MCU):    MPC5567
 *
 * Module vendor:           ArcCore
 * Generator version:       2.0.4
 *
 * Generated by Arctic Studio (http://arccore.com)
 */

#ifndef MCU_CFG_C_
#define MCU_CFG_C_

#include "Mcu.h"


const Mcu_ClockSettingConfigType Mcu_ClockSettingConfigData[] =
{
  {
    .McuClockReferencePointFrequency = 1000000000UL,
    .Pll1      = 1,
    .Pll2      = 1,
    .Pll3      = 0,
  },
};


const Mcu_ConfigType McuConfigData[] = {
  {
      .McuClockSrcFailureNotification = 0,
      .McuRamSectors = MCU_NBR_OF_RAM_SECTIONS,
      .McuClockSettings = 1,
      .McuDefaultClockSettings = 0,
      .McuClockSettingConfig = &Mcu_ClockSettingConfigData[0],
      .McuRamSectorSettingConfig = NULL,
  }
};

#endif /*MCU_CFG_C_*/
```

Probe-Funktionalität: Auswahl Generierter RTE-Konfigurations-Dateien

Rte_Blinker.c

```c
/*
* Configuration of module: Rte (Rte_Blinker.c)
*
* Created by:
* Copyright:
*
* Configured for (MCU):    MPC5567
*
* Module vendor:           ArcCore
* Generator version:       0.0.13
*
* Generated by Arctic Studio (http://arccore.com)
*/

/* Rte_Blinker.c */
#include <string.h>
#include "Os.h"
#include "Rte_Blinker.h"
#include "Rte_Data.h"
#include "Rte_EcuAbstraction.h"

Std_ReturnType Rte_Call_Blinker_LED_Port_Set(const DigitalLevel value) {
    return Rte_DigitalOutput_Set(0, value);
}

Std_ReturnType Rte_Call_Blinker_measure_port_Set(const DigitalLevel value) {
    return Rte_DigitalOutput_Set(1, value);
}
```

Rte.c

```c
/*
 * Configuration of module: Rte (Rte.c)
 *
 * Created by:
 * Copyright:
 *
 * Configured for (MCU):    MPC5567
 *
 * Module vendor:           ArcCore
 * Generator version:       0.0.13
 *
 * Generated by Arctic Studio (http://arccore.com)
 */

/* Rte.c */
#include "Os.h"
#include "Rte_Type.h"
#include "Rte_Data.h"
#include <string.h>
#include "Rte_Blinker_Internal.h"
#include "Rte_EcuAbstraction_Internal.h"
#include "Rte_EcuM_Internal.h"

void Rte_BlinkerRunnable(void) {
    BlinkerRunnable();
}

Std_ReturnType Rte_DigitalOutput_Set(IoHwAb_SignalType SignalId,
        const DigitalLevel value) {
    Std_ReturnType retVal = DigitalOutput_Set(SignalId, value);
    return retVal;
}

Std_ReturnType Rte_Start(void) {
    return RTE_E_OK;
}

void Scheduled(void) {
    EventMaskType eventMask = 0;
    while (1) {
        WaitEvent(EVENT_MASK_ScheduleEvent);
        GetResource(RES_SCHEDULER);
        GetEvent(TASK_ID_Scheduled, &eventMask);
        ClearEvent(EVENT_MASK_ScheduleEvent);
        ReleaseResource(RES_SCHEDULER);
        if (eventMask & EVENT_MASK_ScheduleEvent) {
            Rte_BlinkerRunnable();
        }
    }
}
```

Probe-Funktionalität: C-Datei mit der Applikation

Blinker.c

```c
//Blinker.c
#import "Rte_Blinker.h"

void BlinkerRunnable()
{
    static DigitalLevel val = Low;

    if (val == Low)
    {
        val = High;
    }
    else
    {
        val = Low;
    }

    Rte_Call_Blinker_LED_Port_Set(val);
    Rte_Call_Blinker_measure_port_Set(val);

}
```

Verwandte Studie bei der ITK Engineering AG

Bei der verwandten Arbeit handelt es sich um die Studie von Florian Müller, der sich im 7. Fachsemester des Studiengangs „Elektrotechnik – Informationstechnik" an der „Fakultät für Elektro- und Informationstechnik" der Hochschule Karlsruhe – Technik und Wirtschaft befindet. Titel seiner Arbeit ist: „*Modellbasierte Ansteuerung eines bürstenlosen Gleichstrommotors basierend auf feldorientierter Regelung*".[239]

Zusammenfassung der Thematik:

Es dreht sich um eine Drehmoment-Regelung für einen bürstenlosen Gleichstrommotor (BLDC), mit drei Phasen in Sternschaltung[240]. Dabei wird die sensorgesteuerte Kommutierung genutzt.

Die Regelung basiert des Weiteren auf der feldorientierten Regelung, d.h. es werden die drei Phasenströme gemessen und in ein rotorfestes Koordinatensystem transformiert. Nach der Transformation der Ströme, erhält man einen drehmomentbildenden Stromanteil und einen Blindanteil. Der Regler regelt den Blindanteil zu Null und den drehmomentbildenden Anteil auf das gewünschte Soll-Drehmoment. Anschließend wird daraus die nötige Klemmenspannung für den nächsten Abtastschritt berechnet. Durch die feldorientierte Regelung wird der Wirkungsgrad verbessert, da der Blindanteil des Stromes zu Null geregelt wird.

Der Motor wird an einer 6-Puls-Brückenschaltung angeschlossen. Diese kann auf der nachfolgenden Graphik eingesehen werden. Die Ansteuerung erfolgt durch die PWM-Signale. Die Tastverhältnisse werden mit einer sogenannten Raumzeigermodulation aus den Klemmenspannungen berechnet.

Die Ströme werden immer äquidistant Abgetastet. Nach der ADU wird der Berechnungsalgorithmus ausgeführt, der die PWM berechnet und anschließend ausgibt.

Die Regelung wird mit einem Simulink-Modell erstellt: Es erhält die gemessenen Ströme als Eingangssignal und gibt die gewünschten Tastverhältnisse aus.

Der aktuelle Regler arbeitet mit folgenden Daten auf dem Target: 10 kHz Samplerate für die ADUs, 20 kHz Taktfrequenz für alle PWM-Ausgänge. Der Regler-Algorithmus wird alle 100 µs aufgerufen.

Anforderungen an die BSW des MPC 5567

ADU:

- Kanäle, davon 3x Strom, 1x Spannung und 1x Potentiometer zur Drehzahleinstellung. Die Umrechnung ausgehend von einem Spannungswert wird von dem Simulink-Modell übernommen.
- Abtastrate von 10kHz, zyklische Messung.
- 12 Bit Digital-Wert.
- Eingangsbereich: 0...3,3V.
- Unsymmetrische Messung.
- Möglichst kurze Wandlungszeit, damit die einzelnen Kanäle ohne Verzug direkt hintereinander gemessen werden können.

PWM:

- PWM-Ausgänge mit einer festen Frequenz von 20 kHz.
- Alle Ausgänge müssen *edge-aligned* und synchron laufen.
- Jeweils 2 Ausgänge müssen komplementär laufen. Es muss hierbei keine Dead Time durch den MPC5567 eingefügt werden, da das PWM-Treiber-IC die Totzeit für die Leistungsendstufe selbst einfügt.
- Die PWM-Ausgänge müssen einstellbare Duty Cycles bieten.

---

[239] Es handelt sich um Erläuterungen des Studenten Florian Müller.
[240] [B80]

Kurze Schilderung zum Ablauf des Regel-Algorithmus (Ohne Bezug zu AUTOSAR)

Die ADUs werden automatisch von einem Timer *getriggert*. Dies geschieht alle 100 µs.

Die 5 Kanäle werden nacheinander eingemessen, dann löst der letzte Kanal einen Interrupt aus.

In der ISR[241] werden alle Messwerte ausgelesen – das aktuelle System hat für jeden Kanal einen extra Speicher, und ein Flag zum Signalisieren neuer Werte wird gesetzt.

In der *Main-Loop* wird das Flag überprüft und, wenn dieses gesetzt ist, der Algorithmus aufgerufen.

Die neuen Werte für die PWM werden nach dem Ausführen des Algorithmus an die PWMs gesendet.

BLDC mit der 6-Puls-Brückenschaltung:

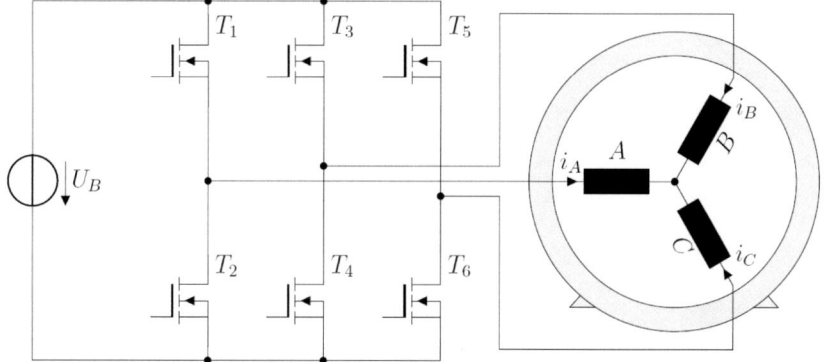

---

[241] Interrupt-Service-Routine

Interaktion zwischen dem SWC Builder und TargetLink

led_rte_system.arxml

```xml
<?xml version="1.0" encoding="UTF-8"?>
<AUTOSAR xmlns="http://autosar.org/3.1.5" xmlns:xsi="http://www.w3.org/2001/XMLSchema-instance" xsi:schemaLocation="http://autosar.org/3.1.5 autosar_3-1-5.xsd">
  <ADMIN-DATA>
    <SDGS>
      <SDG GID="Arccore::AutosarOptions">
        <SD GID="GENDIR">/com_example/config</SD>
      </SDG>
    </SDGS>
  </ADMIN-DATA>
  <TOP-LEVEL-PACKAGES>
    <AR-PACKAGE>
      <SHORT-NAME>led_rte_mpc5567_system</SHORT-NAME>
      <ADMIN-DATA>
        <SDGS>
          <SDG GID="Arccore::IdentifiableOptions" />
        </SDGS>
      </ADMIN-DATA>
      <SUB-PACKAGES>
        <AR-PACKAGE UUID="ef5f6387-3bc2-41d9-9e3e-019c39f34eab">
          <SHORT-NAME>BlinkerKit</SHORT-NAME>
          <ADMIN-DATA>
            <SDGS>
              <SDG GID="Arccore::IdentifiableOptions" />
            </SDGS>
          </ADMIN-DATA>
          <ELEMENTS>
            <APPLICATION-SOFTWARE-COMPONENT-TYPE>
              <SHORT-NAME>Blinker</SHORT-NAME>
              <ADMIN-DATA>
                <SDGS>
                  <SDG GID="Arccore::IdentifiableOptions" />
                </SDGS>
              </ADMIN-DATA>
              <PORTS>
                <R-PORT-PROTOTYPE UUID="0f865c58-880a-4863-8cd7-6dd7fb0285b4">
                  <SHORT-NAME>LED_Port</SHORT-NAME>
                  <ADMIN-DATA>
                    <SDGS>
                      <SDG GID="Arccore::IdentifiableOptions" />
                    </SDGS>
                  </ADMIN-DATA>
                  <REQUIRED-INTERFACE-TREF DEST="CLIENT-SERVER-INTERFACE">/ArcCore/Services/IoHwAb/Interfaces/DigitalOutput</REQUIRED-INTERFACE-TREF>
                </R-PORT-PROTOTYPE>
              </PORTS>
            </APPLICATION-SOFTWARE-COMPONENT-TYPE>
            <INTERNAL-BEHAVIOR UUID="09f6ce07-87e6-45d6-b063-7f9ba097fbc9">
              <SHORT-NAME>BlinkerBehavior</SHORT-NAME>
              <ADMIN-DATA>
                <SDGS>
                  <SDG GID="Arccore::IdentifiableOptions" />
                </SDGS>
              </ADMIN-DATA>
              <COMPONENT-REF DEST="APPLICATION-SOFTWARE-COMPONENT-TYPE">/led_rte_mpc5567_system/BlinkerKit/Blinker</COMPONENT-REF>
              <EVENTS>
                <TIMING-EVENT UUID="e190db44-2abd-4c5d-b23e-2536bda41688">
                  <SHORT-NAME>Blinker_timingEvent</SHORT-NAME>
                  <ADMIN-DATA>
                    <SDGS>
                      <SDG GID="Arccore::IdentifiableOptions" />
                    </SDGS>
                  </ADMIN-DATA>
                  <START-ON-EVENT-REF DEST="RUNNABLE-ENTITY">/led_rte_mpc5567_system/BlinkerKit/BlinkerBehavior/BlinkerRunnable</START-ON-EVENT-REF>
                  <PERIOD>0.5</PERIOD>
                </TIMING-EVENT>
              </EVENTS>
```

```xml
            <RUNNABLES>
              <RUNNABLE-ENTITY UUID="503e425c-959e-4b25-8550-d67d33d3060e">
                <SHORT-NAME>BlinkerRunnable</SHORT-NAME>
                <ADMIN-DATA>
                  <SDGS>
                    <SDG GID="Arccore::IdentifiableOptions" />
                  </SDGS>
                </ADMIN-DATA>
                <CAN-BE-INVOKED-CONCURRENTLY>true</CAN-BE-INVOKED-CONCURRENTLY>
                <SERVER-CALL-POINTS>
                  <SYNCHRONOUS-SERVER-CALL-POINT UUID="cb3bbce1-1ca5-48c0-9bcf-3df185de06f2">
                    <SHORT-NAME>LED_Port_CallPoint</SHORT-NAME>
                    <ADMIN-DATA>
                      <SDGS>
                        <SDG GID="Arccore::IdentifiableOptions" />
                      </SDGS>
                    </ADMIN-DATA>
                    <OPERATION-IREFS>
                      <OPERATION-IREF>
                        <R-PORT-PROTOTYPE-REF DEST="R-PORT-PROTOTYPE">/led_rte_mpc5567_system/BlinkerKit/Blinker/LED_Port</R-PORT-PROTOTYPE-REF>
                        <OPERATION-PROTOTYPE-REF DEST="OPERATION-PROTOTYPE">/ArcCore/Services/IoHwAb/Interfaces/DigitalOutput/Set</OPERATION-PROTOTYPE-REF>
                      </OPERATION-IREF>
                    </OPERATION-IREFS>
                  </SYNCHRONOUS-SERVER-CALL-POINT>
                </SERVER-CALL-POINTS>
                <SYMBOL>BlinkerRunnable</SYMBOL>
              </RUNNABLE-ENTITY>
            </RUNNABLES>
          </INTERNAL-BEHAVIOR>
          <SWC-IMPLEMENTATION UUID="4cc57e42-9b17-4f9d-924e-3c4e8867bb14">
            <SHORT-NAME>Blinker_Implementation</SHORT-NAME>
            <ADMIN-DATA>
              <SDGS>
                <SDG GID="Arccore::IdentifiableOptions" />
              </SDGS>
            </ADMIN-DATA>
            <BEHAVIOR-REF DEST="INTERNAL-BEHAVIOR">/led_rte_mpc5567_system/BlinkerKit/BlinkerBehavior</BEHAVIOR-REF>
          </SWC-IMPLEMENTATION>
        </ELEMENTS>
      </AR-PACKAGE>
    </SUB-PACKAGES>
  </AR-PACKAGE>
 </TOP-LEVEL-PACKAGES>
</AUTOSAR>
```

Blinker.c

```c
/********************************************************************
*****************\
 ***
 *** Simulink model       : MyModel
 *** TargetLink subsystem : MyModel/SWC
 *** Codefile             : Blinker.c
 ...
 ...
 *** SF-NODE    CORRESPONDING STATEFLOW NODE                  DESCRIPTION
 ***
 *** TargetLink version      : 3.3 from 24-Nov-2011
 *** Code generator version  : Build Id 3.3.0.57 from 2011-11-01 22:50:19
 *** Copyright (c) 2011 dSPACE GmbH
\*********************************************************************
*****************/

#ifndef BLINKER_C
#define BLINKER_C

/*----------------------------------------------------------------------*\
  DEFINES (OPT)
\*----------------------------------------------------------------------*/
/*----------------------------------------------------------------------*\
  INCLUDES
\*----------------------------------------------------------------------*/
#ifndef RTE_PTR2ARRAYBASETYPE_PASSING
#define RTE_PTR2ARRAYBASETYPE_PASSING 1
#endif

#include "Rte_Blinker.h"
#include "Blinker.h"
/*----------------------------------------------------------------------*\
  DEFINES
\*----------------------------------------------------------------------*/
/*----------------------------------------------------------------------*\
  TYPEDEFS
\*----------------------------------------------------------------------*/
/*----------------------------------------------------------------------*\
  ENUMS
\*----------------------------------------------------------------------*/
/*----------------------------------------------------------------------*\
  VARIABLES
\*----------------------------------------------------------------------*/
/*----------------------------------------------------------------------*\
  PARAMETERIZED MACROS
\*----------------------------------------------------------------------*/
/*----------------------------------------------------------------------*\
  FUNCTION PROTOTYPES
\*----------------------------------------------------------------------*/
/*----------------------------------------------------------------------*\
  INLINE FUNCTIONS
\*----------------------------------------------------------------------*/
/*----------------------------------------------------------------------*\
  FUNCTION DEFINITIONS
\*----------------------------------------------------------------------*/
```

```c
/*****************************************************************************
****************\
 ***    FUNCTION:
 ***        BlinkerRunnable
 ***
 ***    DESCRIPTION:
 ***
 ***
 ***    PARAMETERS:
 ***        Type                Name                Description
 ***
~~~~~~~~~~~~~~~~~~~~~~~~~~~~~~~~~~~~~~~~~~~~~~~~~~~~~~~~~~~~~~~~~~~~~~~~~~~~~
~~~~~~~~
 ***
 ***    RETURNS:
 ***        void
 ***
 ***    SETTINGS:
 ***
\*****************************************************************************
****************/
FUNC(void, RTE_APPL_CODE) BlinkerRunnable(void)
{
    /* SLStaticLocalInit: Default storage class for static local variables with
initvalue | Width: 8
     */
    static boolean Sa3_Data_Store_Memory = 0;

    /* # combined # TargetLink outport:
led_rte_system/Blinker/BlinkerRunnable/LED_Port_CallPoint
       # combined # Data store read: led_rte_system/Blinker/BlinkerRunnable/Data
Store Read */
    Rte_Call_LED_Port_Set((uint8) Sa3_Data_Store_Memory);

    /* Logical: Logical Operator led_rte_system/Blinker/BlinkerRunnable/Logical
Operator
       # combined # Data store read: led_rte_system/Blinker/BlinkerRunnable/Data
Store Read */
    Sa3_Data_Store_Memory = !(Sa3_Data_Store_Memory);
}

/*----------------------------------------------------------------------------*\
   MODULE LOCAL FUNCTION DEFINITIONS
\*----------------------------------------------------------------------------*/

#endif/*BLINKER_C */
/*----------------------------------------------------------------------------*\
   END OF FILE
\*----------------------------------------------------------------------------*/
```

Interaktion zwischen dem SWC Builder und Embedded Coder

MOTOR_BSW_Konfig_1_SWC.arxml

```xml
<?xml version="1.0" encoding="UTF-8"?>
<AUTOSAR xmlns="http://autosar.org/3.2.1" xmlns:xsi="http://www.w3.org/2001/XMLSchema-instance" xsi:schemaLocation="http://autosar.org/3.2.1 autosar_3-2-1.xsd http://autosar.org/3.1.5 autosar_3-1-5.xsd">
  <ADMIN-DATA>
    <SDGS>
      <SDG GID="Arccore::AutosarOptions">
        <SD GID="GENDIR">/com_example/config</SD>
      </SDG>
    </SDGS>
  </ADMIN-DATA>
  <TOP-LEVEL-PACKAGES>
    <AR-PACKAGE>
      <SHORT-NAME>MOTOR_top_package_SWC</SHORT-NAME>
      <ADMIN-DATA>
        <SDGS>
          <SDG GID="Arccore::IdentifiableOptions" />
        </SDGS>
      </ADMIN-DATA>
      <SUB-PACKAGES>
        <AR-PACKAGE UUID="ef5f6387-3bc2-41d9-9e3e-019c39f34eab">
          <SHORT-NAME>MOTOR_package</SHORT-NAME>
          <ADMIN-DATA>
            <SDGS>
              <SDG GID="Arccore::IdentifiableOptions" />
            </SDGS>
          </ADMIN-DATA>
          <ELEMENTS>
            <APPLICATION-SOFTWARE-COMPONENT-TYPE>
              <SHORT-NAME>Motor_ASCT</SHORT-NAME>
              <ADMIN-DATA>
                <SDGS>
                  <SDG GID="Arccore::IdentifiableOptions" />
                </SDGS>
              </ADMIN-DATA>
              <PORTS>
                <R-PORT-PROTOTYPE UUID="0b92887a-09d9-4af7-bb54-0a3b341de208">
                  <SHORT-NAME>R_PORT_ADC_0</SHORT-NAME>
                  <ADMIN-DATA>
                    <SDGS>
                      <SDG GID="Arccore::IdentifiableOptions" />
                    </SDGS>
                  </ADMIN-DATA>
                  <REQUIRED-INTERFACE-TREF DEST="CLIENT-SERVER-INTERFACE">/ArcCore/Services/IoHwAb/Interfaces/VoltageInput</REQUIRED-INTERFACE-TREF>
                </R-PORT-PROTOTYPE>
                <R-PORT-PROTOTYPE UUID="e9e25cfe-8976-4802-b032-ed768cb9bbd4">
                  <SHORT-NAME>R_PORT_ADC_1</SHORT-NAME>
                  <ADMIN-DATA>
                    <SDGS>
                      <SDG GID="Arccore::IdentifiableOptions" />
                    </SDGS>
                  </ADMIN-DATA>
                  <REQUIRED-INTERFACE-TREF DEST="CLIENT-SERVER-INTERFACE">/ArcCore/Services/IoHwAb/Interfaces/VoltageInput</REQUIRED-INTERFACE-TREF>
                </R-PORT-PROTOTYPE>
                ...
                ...
                <R-PORT-PROTOTYPE UUID="db64576f-fe6e-40d0-ae5d-f8a9364e0037">
                  <SHORT-NAME>R_PORT_PWM_1</SHORT-NAME>
                  <ADMIN-DATA>
                    <SDGS>
                      <SDG GID="Arccore::IdentifiableOptions" />
                    </SDGS>
                  </ADMIN-DATA>
                  <REQUIRED-INTERFACE-TREF DEST="CLIENT-SERVER-INTERFACE">/ArcCore/Services/IoHwAb/Interfaces/PWMDutyOutput</REQUIRED-INTERFACE-TREF>
                </R-PORT-PROTOTYPE>
                <R-PORT-PROTOTYPE UUID="6d1051a1-180b-43dc-af12-1245dcf59909">
```

```xml
            <SHORT-NAME>R_PORT_PWM_2</SHORT-NAME>
            <ADMIN-DATA>
              <SDGS>
                <SDG GID="Arccore::IdentifiableOptions" />
              </SDGS>
            </ADMIN-DATA>
            <REQUIRED-INTERFACE-TREF DEST="CLIENT-SERVER-
INTERFACE">/ArcCore/Services/IoHwAb/Interfaces/PWMDutyOutput</REQUIRED-INTERFACE-TREF>
          </R-PORT-PROTOTYPE>
                      ...
                      ...
        </PORTS>
      </APPLICATION-SOFTWARE-COMPONENT-TYPE>
      <INTERNAL-BEHAVIOR UUID="09f6ce07-87e6-45d6-b063-7f9ba097fbc9">
        <SHORT-NAME>MOTOR_Behavior</SHORT-NAME>
        <ADMIN-DATA>
          <SDGS>
            <SDG GID="Arccore::IdentifiableOptions" />
          </SDGS>
        </ADMIN-DATA>
        <COMPONENT-REF DEST="APPLICATION-SOFTWARE-COMPONENT-
TYPE">/MOTOR_top_package_SWC/MOTOR_package/Motor_ASCT</COMPONENT-REF>
        <EVENTS>
          <TIMING-EVENT UUID="e190db44-2abd-4c5d-b23e-2536bda41688">
            <SHORT-NAME>MOTOR_timingEvent</SHORT-NAME>
            <ADMIN-DATA>
              <SDGS>
                <SDG GID="Arccore::IdentifiableOptions">
                  <SD GID="@ARCCORE_COMMENT">Die hier angegebene Periode waere wohl das
mit Task realisierbare Minimum</SD>
                </SDG>
              </SDGS>
            </ADMIN-DATA>
            <START-ON-EVENT-REF DEST="RUNNABLE-
ENTITY">/MOTOR_top_package_SWC/MOTOR_package/MOTOR_Behavior/MOTOR_Runnable</START-ON-EVENT-
REF>
            <PERIOD>0.01</PERIOD>
          </TIMING-EVENT>
        </EVENTS>
        <RUNNABLES>
          <RUNNABLE-ENTITY UUID="503e425c-959e-4b25-8550-d67d33d3060e">
            <SHORT-NAME>MOTOR_Runnable</SHORT-NAME>
            <ADMIN-DATA>
              <SDGS>
                <SDG GID="Arccore::IdentifiableOptions" />
              </SDGS>
            </ADMIN-DATA>
            <CAN-BE-INVOKED-CONCURRENTLY>true</CAN-BE-INVOKED-CONCURRENTLY>
            <SERVER-CALL-POINTS>
              <SYNCHRONOUS-SERVER-CALL-POINT UUID="94f91138-ee03-4e50-9b02-
5e594f125cd0">
                <SHORT-NAME>ADC_0_Port_CallPoint</SHORT-NAME>
                <ADMIN-DATA>
                  <SDGS>
                    <SDG GID="Arccore::IdentifiableOptions" />
                  </SDGS>
                </ADMIN-DATA>
                <OPERATION-IREFS>
                  <OPERATION-IREF>
                    <R-PORT-PROTOTYPE-REF DEST="R-PORT-
PROTOTYPE">/MOTOR_top_package_SWC/MOTOR_package/Motor_ASCT/R_PORT_ADC_0</R-PORT-PROTOTYPE-REF>
                    <OPERATION-PROTOTYPE-REF DEST="OPERATION-
PROTOTYPE">/ArcCore/Services/IoHwAb/Interfaces/VoltageInput/Get</OPERATION-PROTOTYPE-REF>
                  </OPERATION-IREF>
                </OPERATION-IREFS>
              </SYNCHRONOUS-SERVER-CALL-POINT>
              <SYNCHRONOUS-SERVER-CALL-POINT UUID="0cfae480-2fcc-42b4-b6f1-
a7334457a417">
                <SHORT-NAME>ADC_1_Port_CallPoint</SHORT-NAME>
                <ADMIN-DATA>
                  <SDGS>
                    <SDG GID="Arccore::IdentifiableOptions" />
                  </SDGS>
                </ADMIN-DATA>
                <OPERATION-IREFS>
                  <OPERATION-IREF>
                    <R-PORT-PROTOTYPE-REF DEST="R-PORT-
PROTOTYPE">/MOTOR_top_package_SWC/MOTOR_package/Motor_ASCT/R_PORT_ADC_1</R-PORT-PROTOTYPE-REF>
```

```xml
                            <OPERATION-PROTOTYPE-REF DEST="OPERATION-
PROTOTYPE">/ArcCore/Services/IoHwAb/Interfaces/VoltageInput/Get</OPERATION-PROTOTYPE-REF>
                          </OPERATION-IREF>
                        </OPERATION-IREFS>
                      </SYNCHRONOUS-SERVER-CALL-POINT>
                      ...

                      ...
                      <SYNCHRONOUS-SERVER-CALL-POINT UUID="b943c4bb-d0de-4048-85db-
825fd757ec21">
                        <SHORT-NAME>PWM_1_Port_CallPoint</SHORT-NAME>
                        <ADMIN-DATA>
                          <SDGS>
                            <SDG GID="Arccore::IdentifiableOptions" />
                          </SDGS>
                        </ADMIN-DATA>
                        <OPERATION-IREFS>
                          <OPERATION-IREF>
                            <R-PORT-PROTOTYPE-REF DEST="R-PORT-
PROTOTYPE">/MOTOR_top_package_SWC/MOTOR_package/Motor_ASCT/R_PORT_PWM_1</R-PORT-PROTOTYPE-REF>
                            <OPERATION-PROTOTYPE-REF DEST="OPERATION-
PROTOTYPE">/ArcCore/Services/IoHwAb/Interfaces/PWMDutyOutput/Set</OPERATION-PROTOTYPE-REF>
                          </OPERATION-IREF>
                        </OPERATION-IREFS>
                      </SYNCHRONOUS-SERVER-CALL-POINT>
                      <SYNCHRONOUS-SERVER-CALL-POINT UUID="709e49c2-223a-4b1b-bb72-
b474a5e78caf">
                        <SHORT-NAME>PWM_2_Port_CallPoint</SHORT-NAME>
                        <ADMIN-DATA>
                          <SDGS>
                            <SDG GID="Arccore::IdentifiableOptions" />
                          </SDGS>
                        </ADMIN-DATA>
                        <OPERATION-IREFS>
                          <OPERATION-IREF>
                            <R-PORT-PROTOTYPE-REF DEST="R-PORT-
PROTOTYPE">/MOTOR_top_package_SWC/MOTOR_package/Motor_ASCT/R_PORT_PWM_2</R-PORT-PROTOTYPE-REF>
                            <OPERATION-PROTOTYPE-REF DEST="OPERATION-
PROTOTYPE">/ArcCore/Services/IoHwAb/Interfaces/PWMDutyOutput/Set</OPERATION-PROTOTYPE-REF>
                          </OPERATION-IREF>
                        </OPERATION-IREFS>
                      </SYNCHRONOUS-SERVER-CALL-POINT>
                      ...

                      ...
                    </SERVER-CALL-POINTS>
                    <SYMBOL>MOTOR_Runnable</SYMBOL>
                  </RUNNABLE-ENTITY>
                </RUNNABLES>
              </INTERNAL-BEHAVIOR>
              <SWC-IMPLEMENTATION UUID="4cc57e42-9b17-4f9d-924e-3c4e8867bb14">
                <SHORT-NAME>MOTOR_SWC_Implementation</SHORT-NAME>
                <ADMIN-DATA>
                  <SDGS>
                    <SDG GID="Arccore::IdentifiableOptions" />
                  </SDGS>
                </ADMIN-DATA>
                <BEHAVIOR-REF DEST="INTERNAL-
BEHAVIOR">/MOTOR_top_package_SWC/MOTOR_package/MOTOR_Behavior</BEHAVIOR-REF>
              </SWC-IMPLEMENTATION>
            </ELEMENTS>
          </AR-PACKAGE>
        </SUB-PACKAGES>
    </AR-PACKAGE>
  </TOP-LEVEL-PACKAGES>
</AUTOSAR>
```

Motor_ASCT.c

```c
/*
 * File: Motor_ASCT.c
 *
 * Code generated for Simulink model 'Motor_ASCT'.
 *
 * Model version                  : 1.14
 * Simulink Coder version         : 8.3 (R2012b) 20-Jul-2012
 * TLC version                    : 8.3 (Jul 21 2012)
 * C/C++ source code generated on : Fri Dec 07 16:55:48 2012
 *
 * Target selection: autosar.tlc
 * Embedded hardware selection: Freescale->MPC55xx
 * Code generation objectives: Unspecified
 * Validation result: Not run
 */

#include "Motor_ASCT.h"
#include "Motor_ASCT_private.h"

/* Block states (auto storage) */
D_Work_Motor_ASCT Motor_ASCT_DWork;

/* Model step function */
void MOTOR_Runnable(void)
{
  /* local block i/o variables */
  MilliVolt rtb_R_PORT_ADC_0_Get_o1;
  MilliVolt rtb_R_PORT_ADC_1_Get_o1;
  MilliVolt rtb_R_PORT_ADC_2_Get_o1;
  MilliVolt rtb_R_PORT_ADC_3_Get_o1;
  Percent rtb_Switch;
  SignalQuality rtb_R_PORT_ADC_0_Get_o2;
  SignalQuality rtb_R_PORT_ADC_1_Get_o2;
  SignalQuality rtb_R_PORT_ADC_2_Get_o2;
  SignalQuality rtb_R_PORT_ADC_3_Get_o2;
  real_T rtb_PulseGenerator;

  /* Outputs for Atomic SubSystem: '<Root>/Motor_ASCT' */
  /* DiscretePulseGenerator: '<S1>/Pulse Generator' */
  rtb_PulseGenerator = ((real_T)Motor_ASCT_DWork.clockTickCounter <
                        Motor_ASCT_P.PulseGenerator_Duty) &&
    (Motor_ASCT_DWork.clockTickCounter >= 0) ? Motor_ASCT_P.PulseGenerator_Amp :
    0.0;
  if ((real_T)Motor_ASCT_DWork.clockTickCounter >=
      Motor_ASCT_P.PulseGenerator_Period - 1.0) {
    Motor_ASCT_DWork.clockTickCounter = 0;
  } else {
    Motor_ASCT_DWork.clockTickCounter++;
  }

  /* End of DiscretePulseGenerator: '<S1>/Pulse Generator' */

  /* Switch: '<S1>/Switch' incorporates:
   *  Constant: '<S1>/Constant'
   *  Constant: '<S1>/Constant1'
   */
  if (rtb_PulseGenerator != 0.0) {
    rtb_Switch = Motor_ASCT_P.Constant_Value;
```

xxx

```c
  } else {
    rtb_Switch = Motor_ASCT_P.Constant1_Value;
  }

  /* End of Switch: '<S1>/Switch' */

  /* S-Function (sfun_autosar_clientop): '<S1>/R_PORT_PWM_1_Set' */
  Rte_Call_R_PORT_PWM_1_Set(rtb_Switch);

  /* S-Function (sfun_autosar_clientop): '<S1>/R_PORT_PWM_2_Set' */
  Rte_Call_R_PORT_PWM_2_Set(rtb_Switch);

  /* S-Function (sfun_autosar_clientop): '<S1>/R_PORT_PWM_3_Set' */
  Rte_Call_R_PORT_PWM_3_Set(rtb_Switch);

  /* S-Function (sfun_autosar_clientop): '<S1>/R_PORT_PWM_4_Set' */
  Rte_Call_R_PORT_PWM_4_Set(rtb_Switch);

  /* S-Function (sfun_autosar_clientop): '<S1>/R_PORT_PWM_5_Set' */
  Rte_Call_R_PORT_PWM_5_Set(rtb_Switch);

  /* S-Function (sfun_autosar_clientop): '<S1>/R_PORT_PWM_6_Set' */
  Rte_Call_R_PORT_PWM_6_Set(rtb_Switch);

  /* S-Function (sfun_autosar_clientop): '<S1>/R_PORT_ADC_0_Get' */
  Rte_Call_R_PORT_ADC_0_Get(&rtb_R_PORT_ADC_0_Get_o1, &rtb_R_PORT_ADC_0_Get_o2);

  /* S-Function (sfun_autosar_clientop): '<S1>/R_PORT_ADC_1_Get' */
  Rte_Call_R_PORT_ADC_1_Get(&rtb_R_PORT_ADC_1_Get_o1, &rtb_R_PORT_ADC_1_Get_o2);

  /* S-Function (sfun_autosar_clientop): '<S1>/R_PORT_ADC_2_Get' */
  Rte_Call_R_PORT_ADC_2_Get(&rtb_R_PORT_ADC_2_Get_o1, &rtb_R_PORT_ADC_2_Get_o2);

  /* S-Function (sfun_autosar_clientop): '<S1>/R_PORT_ADC_3_Get' */
  Rte_Call_R_PORT_ADC_3_Get(&rtb_R_PORT_ADC_3_Get_o1, &rtb_R_PORT_ADC_3_Get_o2);

  /* End of Outputs for SubSystem: '<Root>/Motor_ASCT' */
}

/* Model initialize function */
void Motor_ASCT_Init(void)
{
  /* (no initialization code required) */
}

/*
 * File trailer for generated code.
 *
 * [EOF]
 */
```

Rte_Motor_ASCT.h

```c
/*
 * Configuration of module: Rte (Rte_Motor_ASCT.h)
 *
 * Created by:
 * Copyright:
 *
 * Configured for (MCU):    MPC5567
 *
 * Module vendor:           ArcCore
 * Generator version:       0.0.13
 *
 * Generated by Arctic Studio (http://arccore.com)
 */

/* Rte_Motor_ASCT.h */

#ifndef RTE_MOTOR_ASCT_H
#define RTE_MOTOR_ASCT_H

#include "Rte_Type.h"

#define RTE_E_VoltageInput_E_NOT_OK 1
#define RTE_E_PWMDutyOutput_E_NOT_OK 1

#define Rte_Call_R_PORT_ADC_0_Get Rte_Call_Motor_ASCT_R_PORT_ADC_0_Get

#define Rte_Call_R_PORT_ADC_1_Get Rte_Call_Motor_ASCT_R_PORT_ADC_1_Get

#define Rte_Call_R_PORT_ADC_2_Get Rte_Call_Motor_ASCT_R_PORT_ADC_2_Get

#define Rte_Call_R_PORT_ADC_3_Get Rte_Call_Motor_ASCT_R_PORT_ADC_3_Get

#define Rte_Call_R_PORT_PWM_1_Set Rte_Call_Motor_ASCT_R_PORT_PWM_1_Set

#define Rte_Call_R_PORT_PWM_2_Set Rte_Call_Motor_ASCT_R_PORT_PWM_2_Set

#define Rte_Call_R_PORT_PWM_3_Set Rte_Call_Motor_ASCT_R_PORT_PWM_3_Set

#define Rte_Call_R_PORT_PWM_4_Set Rte_Call_Motor_ASCT_R_PORT_PWM_4_Set

#define Rte_Call_R_PORT_PWM_5_Set Rte_Call_Motor_ASCT_R_PORT_PWM_5_Set

#define Rte_Call_R_PORT_PWM_6_Set Rte_Call_Motor_ASCT_R_PORT_PWM_6_Set

Std_ReturnType Rte_Call_Motor_ASCT_R_PORT_ADC_0_Get(MilliVolt* value,
            SignalQuality* quality);

Std_ReturnType Rte_Call_Motor_ASCT_R_PORT_ADC_1_Get(MilliVolt* value,
            SignalQuality* quality);

Std_ReturnType Rte_Call_Motor_ASCT_R_PORT_ADC_2_Get(MilliVolt* value,
            SignalQuality* quality);

Std_ReturnType Rte_Call_Motor_ASCT_R_PORT_ADC_3_Get(MilliVolt* value,
            SignalQuality* quality);

Std_ReturnType Rte_Call_Motor_ASCT_R_PORT_PWM_1_Set(const Percent duty);
```

```c
Std_ReturnType Rte_Call_Motor_ASCT_R_PORT_PWM_2_Set(const Percent duty);

Std_ReturnType Rte_Call_Motor_ASCT_R_PORT_PWM_3_Set(const Percent duty);

Std_ReturnType Rte_Call_Motor_ASCT_R_PORT_PWM_4_Set(const Percent duty);

Std_ReturnType Rte_Call_Motor_ASCT_R_PORT_PWM_5_Set(const Percent duty);

Std_ReturnType Rte_Call_Motor_ASCT_R_PORT_PWM_6_Set(const Percent duty);

void MOTOR_Runnable(void);

#endif
```

Ausschnitt aus der Datei "ArcCore_Services_IoHwAb.arxml"

```xml
...
                        <INTEGER-TYPE UUID="53a2dfdc-fc26-3fa2-bb88-102fa23de09c">
                          <SHORT-NAME>SignalQuality</SHORT-NAME>
                          <SW-DATA-DEF-PROPS>
                            <COMPU-METHOD-REF DEST="COMPU-METHOD">/ArcCore/Services/IoHwAb/DataTypes/SignalQuality_def</COMPU-METHOD-REF>
                          </SW-DATA-DEF-PROPS>
                          <LOWER-LIMIT INTERVAL-TYPE="CLOSED">0</LOWER-LIMIT>
                          <UPPER-LIMIT INTERVAL-TYPE="CLOSED">3</UPPER-LIMIT>
                        </INTEGER-TYPE>
                        <COMPU-METHOD UUID="2db63a98-bbfc-392d-8515-9c37674288db">
                          <SHORT-NAME>SignalQuality_def</SHORT-NAME>
                          <CATEGORY>TEXTTABLE</CATEGORY>
                          <COMPU-INTERNAL-TO-PHYS>
                            <COMPU-SCALES>
                              <COMPU-SCALE>
                                <LOWER-LIMIT INTERVAL-TYPE="CLOSED">0</LOWER-LIMIT>
                                <UPPER-LIMIT INTERVAL-TYPE="CLOSED">0</UPPER-LIMIT>
                                <COMPU-CONST>
                                  <VT>SignalQuality_InitialValue</VT>
                                </COMPU-CONST>
                              </COMPU-SCALE>
                              <COMPU-SCALE>
                                <LOWER-LIMIT INTERVAL-TYPE="CLOSED">1</LOWER-LIMIT>
                                <UPPER-LIMIT INTERVAL-TYPE="CLOSED">1</UPPER-LIMIT>
                                <COMPU-CONST>
                                  <VT>SignalQuality_Error</VT>
                                </COMPU-CONST>
                              </COMPU-SCALE>
                              <COMPU-SCALE>
                                <LOWER-LIMIT INTERVAL-TYPE="CLOSED">2</LOWER-LIMIT>
                                <UPPER-LIMIT INTERVAL-TYPE="CLOSED">2</UPPER-LIMIT>
                                <COMPU-CONST>
                                  <VT>SignalQuality_Bad</VT>
                                </COMPU-CONST>
                              </COMPU-SCALE>
                              <COMPU-SCALE>
                                <LOWER-LIMIT INTERVAL-TYPE="CLOSED">3</LOWER-LIMIT>
                                <UPPER-LIMIT INTERVAL-TYPE="CLOSED">3</UPPER-LIMIT>
                                <COMPU-CONST>
                                  <VT>SignalQuality_Good</VT>
                                </COMPU-CONST>
                              </COMPU-SCALE>
                            </COMPU-SCALES>
                          </COMPU-INTERNAL-TO-PHYS>
                        </COMPU-METHOD>
...
```

Ausschnitt aus der Datei „Rte_Type.h"

...

```c
#ifndef _DEFINED_TYPEDEF_FOR_Percent_
#define _DEFINED_TYPEDEF_FOR_Percent_

typedef int32_T Percent;

#endif

#ifndef _DEFINED_TYPEDEF_FOR_MilliVolt_
#define _DEFINED_TYPEDEF_FOR_MilliVolt_

typedef int32_T MilliVolt;

#endif

#ifndef _DEFINED_TYPEDEF_FOR_SInt32_
#define _DEFINED_TYPEDEF_FOR_SInt32_

typedef int32_T SInt32;

#endif

#ifndef _DEFINED_TYPEDEF_FOR_Percent_
#define _DEFINED_TYPEDEF_FOR_Percent_

typedef SInt32 Percent;

#endif

#ifndef _DEFINED_TYPEDEF_FOR_MilliVolt_
#define _DEFINED_TYPEDEF_FOR_MilliVolt_

typedef SInt32 MilliVolt;

#endif

#ifndef _DEFINED_TYPEDEF_FOR_SignalQuality_
#define _DEFINED_TYPEDEF_FOR_SignalQuality_

typedef enum {
  SignalQuality_InitialValue = 0,      /* Default value */
  SignalQuality_Error,
  SignalQuality_Bad,
  SignalQuality_Good
} SignalQuality;
```

...

Exemplarische Aufrufskette einer PWM-Duty Cycle-Ansteuerung

Definition der Funktion	Datei	Relativer Pfad
void Scheduled(void)	Rte.c	Projekte\Projekt
void Rte_MOTOR_Runnable(void)	Rte.c	Projekte\Projekt
void MOTOR_Runnable(void)	Motor_ASCT.c	Projekte\Projekt
#define Rte_Call_R_PORT_PWM_1_Set Rte_Call_Motor_ASCT_R_PORT_PWM_1_Set	Rte_Motor_ASCT.h	Projekte\Projekt
Std_ReturnType Rte_Call_Motor_ASCT_R_PORT_PWM_1_Set(const Percent duty)	Rte_Motor_ASCT.c	Projekte\Projekt
Std_ReturnType Rte_PWMDutyOutput_Set(IoHwAb_SignalType SignalId, const Percent duty)	Rte.c	Projekte\Projekt
Std_ReturnType PWMDutyOutput_Set(IoHwAb_SignalType signalId, const Percent value)	IoHwAb_Service Component.c	Projekte\arc-stable\system\IoHwAb
Std_ReturnType IoHwAb_Set_Duty(IoHwAb_SignalType signal, IoHwAb_DutyType duty, IoHwAb_StatusType *status)	IoHwAb_Pwm.c	Projekte\Projekt
Std_ReturnType IoHwAb_Set_Duty_PwmSignal1(IoHwAb_DutyType duty, IoHwAb_StatusType *status)	IoHwAb_Pwm.c	Projekte\Projekt
void Pwm_SetDutyCycle(Pwm_ChannelType Channel, Pwm_DutyCycleType DutyCycle)	Pwm.c	Projekte\arc-stable\arch\ppc\mpc55xx\drivers

Faktencheck zur Tool-Evaluierung			ArcCore Arctic Studio 1.4
Tool-Reputation	**Tool-Reife**	Wann wurde das Tool in den Markt eingeführt?	September 2009
		Wie viele Releases sind verteilt worden?	http://www.arccore.com/wiki/Release_Notes#Tools
		Gibt es bekannte Abnehmer dieses Tools?	Laut eigener Aussage von ArcCore: - 2 Kunden in Deutschland - 1 Kunde in Frankreich - 2 Kunden in Italien - 1 Kunde in China - 1 Kunde in Tawain - 5 Kunden in Schweden
		In welchen Branchen kommt das Tool zum Einsatz?	Automotive Branche
		Wie viele Ergebnisse lassen sich mit einer Google-Recherche über dieses Tool finden?	Suche nach "Arctic Core" + "AUTOSAR" ergab 5240 Treffer.
		Über welchen Zeitraum wird das Tool unterstützt? (wenn der Kunde in 10 Jahren eine Änderung am Projekt vornehmen will)	Grundsätzlich bietet ArcCore einen einjährigen verlängerbaren Wartungsvertrag an. Durch aktuelle neue Partnerschaften mit Firmen wie "VC Fouriertransform" soll eine längerfristige Existenz dieser Firma auf dem Markt gewährleistet werden.
	Hersteller-Reife	Ist der Hersteller bekannt?	Nach eigener Aussage hat die Homepage von ArcCore bisher 60.000 Besucher und 19.000 Downloads von Tools.
		Wie lange ist er in dieser Branche tätig?	Nach eigener Aussage sind die Gründer von ArcCore mehr als 15 Jahre im Automotive Bereich tätig. Die Firma selbst existiert seit Sep. 2009.
		Wie viele Mitarbeiter bzw. Entwickler arbeiten beim Hersteller?	In Schweden: 15 Mitarbeiter Verschiedene Entwicklungsteile sind an einen engen Partner in China out-gesourced worden. Hier arbeiten nach eigener Aussage etwa 70 Mitarbeiter.
		Besteht ein Kontakt bzw. ist der Hersteller ein Partner?	Nein, die Firma ist bisher kein Partner der ITK Engineering AG. Es besteht aber ein Kooperationsvertrag mit der Firma EASYCORE GmbH: http://www.easycore.com/de/

	Hochschulen	Wird das Tool an Hochschulen und Universitäten eingesetzt?	Ja, ArcCore bietet für diesen Zweck auch eineStudenten-Rabatt auf die Lizenzen in Höhe von 20 %.
Installation	Installationsanleitung	Ist eine Installationsanweisung vorhanden? (Installationshandbuch)	Es existiert ein Online Tutorial: http://arccore.com/wiki/Quick-start_Tutorial
		Ist der Install-Guide verständlich?	Ja, für einen schnellen Einstieg ist die Anleitung mit Vorerfahrung in der Handhabung von Eclipse-basierter SW verständlich.
		Werden Screen-Shots im Install-Guide aufgeführt?	Ja.
		Sind die Installationsanweisungen im Installationshandbuch kurz und bündig bzw. werden alle wichtigen Installationsschritte aufgeführt?	Ja, mit der Einschränkung, dass eine gewisse Vorerfahrung im Umgang mit Eclipse-basierter SW vorhanden sein muss.
	Kompatibilität	Wird auf Notwendige vorinstallierte Software geprüft?	Die benötigten SW-Tools müssen innerhalb von Arctic Studio über Download URLS nachinstalliert werden. Eine lauffähige Java-Version ist Voraussetzung für den Betrieb.
		Wie viel Speicherplatz benötigt das Tool?	1.2 GB
		Wie viele Ressourcen werden vom Tool benötigt bzw. wie viele Ressourcen können maximal genutzt werden?	Benötigter Arbeitsspeicher (während normalem Betrieb): ca. 250 MB
		Besteht die Möglichkeit Installationsparameter wie Installationsort, Sprache, Umfang und weitere anzugeben bzw. auszuwählen?	Da es sich hier um eine Eclipse-basierte SW handelt können Workspace und Ausführungsort (hier ist keine Installation notwendig) frei gewählt werden. Laut Hersteller wird empfohlen auf Leerzeichen innerhalb der Pfade zu verzichten. Die Sprache ist stets English.
Lizenzen		Wie lange ist die Tool-Lizenz gültig?	Die Wartungsverträge sind je für ein Jahr gültig.

		Sind weitere Lizenzen für Add-Ons Notwendig?	Ja für den BSW-Builder, RTE Builder, Extract Builder, und SWC Builder.
		Werden Lizenzmodelle angeboten?	Ja, pro Projekt und genutzter Plattform.
		Werden Hochschullizenzen angeboten?	Ja, mit 20 % Rabatt.
		Wie lange dauert die Lizenzerteilung?	Die Testlizenzen werden innerhalb weniger Stunden zur Verfügung gestellt.
		Gibt es Demo-Lizenzen?	Es wurden bereits diverse Probe-Lizenzen an Ferdinand Schäfer vergeben, unter anderem sogar eine 60 Tage Lizenz.
	Verwaltung	Gibt es einen Lizenz-Server?	Die Lizenz ist mit der MAC-Adresse des Rechners verknüpft und wird innerhalb von Arctic Studio installiert / deinstalliert.
		Verfügt das Tool über eine Lizenzverwaltung (Lizenz Manager)?	Ja, dieser befindet sich innerhalb vom Arctic Studio: ArcCore --> Show Registration View
Programm-Dokumentation	Manual	Ist ein Usermanual vorhanden?	Nein, bisher gibt es nur ein kurzes Online-Tutorial.
		In welcher Sprache existiert dieses?	Die Online-Plattform ist in englischer Sprache.
		Wird ein Online-Manual angeboten?	Zukünftig soll die komplette Beschreibung als Online-Manual verfügbar sein.
	Getting-Started	Wird ein Getting-Started Dokument bereitgestellt?	Ein Online Quick-Start Tutorial ist vorhanden.
		Ist es für Einsteiger geeignet?	Nur mit Vorerfahrung in der Handhabung mit Eclipse.
		Werden die wichtigsten Funktionen vermittelt?	Es wird nur auf die groben Zusammenhänge eingegangen. Wie aber ein Projekt Step für Step konfiguriert wird, wird nicht erläutert. Hier verweist ArcCore auf ein 3-tägiges Trainings Angebot.
	Hilfe-Funktionen	Existiert eine Hilfe-Funktion?	Ja, diese kann auch mit F1-Taste aufgerufen werden.
		Ist sie Strukturiert aufgebaut?	Ja.
		Ist eine Suchfunktion integriert?	Ja.

		Wird eine Kurzerklärung der Funktion bzw. des Werkzeuges bereitgestellt?	Ja.
		Ist eine ausführliche Funktions- bzw. Werkzeugbeschreibung vorhanden?	Nein. Es fehlt die Einbindung des Werkzeugs in den AUTOSAR-Workflow.
Support	Online-Support des Herstellers	Werden Tutorials angeboten?	Bisher sind nur sehr kurze Einsteiger-Tutorials vorhanden.
		Sind Videos zu Funktionsmöglichkeiten vorhanden?	Nein, bisher nicht.
		Wird ein Diskussionsforum angeboten?	Ja, dieses kann über den Helpdesk aufgerufen werden: https://arccore.zendesk.com/home
	Online Support	Sind Youtube-Tutorials vorhanden?	Nein, bisher nicht.
		Lassen sich weitere Tutorial-Angebote finden?	Nein, bisher existieren noch keine weiteren Tutorials.
		Gibt es weitere Foren zum Tool und in wie weit werden diese genutzt?	Nein.
	Schulungsangebot des Herstellers	Werde Schulungen angeboten?	Ja, es gibt hier ein Trainingsangebot in Schweden.
		Wie viele Schulungen werden pro Jahr angeboten?	Hier gibt es keinen konkreten Terminplan, dies ist stark vom Bedarf abhängig und wird auch separat angeboten.
		Wo finden die Schulungen statt?	I. d. R. in Schweden.
		Gibt es Bewertungen zu den Schulungsleitern?	Keine Information.
	Schulungsangebot	Werden Schulungen von Toolvertreibern oder Consultingunternehmen angeboten?	Die Schulungsangebote sind direkt von ArcCore.
	Bücher	Existieren Bücher zum Tool?	Nein.

	Technischer Support des Herstellers	Existiert ein Telefonischer Support?	Es bestehen Angebote für WebEx-Support in speziellen Fällen.
		Stehen dem Supportteam Entwickler zur Verfügung?	Ja.
		In welcher Sprache wird der Support angeboten?	Englisch
		Gibt es eine FAQ?	Nein.
	Hochschulen	Lassen sich Skripte zum Tool finden?	Nein..
		Existieren Abschlussarbeiten oder Dissertationen zu diesem Tool?	Ja, es wurden bereits ca. ein halbes Dutzend Abschlussarbeiten ausfindig gemacht.
Tool-Stabilität	Instandhaltung des Herstellers	Bietet der Hersteller Firmware Updates an?	Ja, es werden regelmäßig neue Releases veröffentlicht.
		Werden Bug-Fixes bereitgestellt?	Ja, es finden auch Service-Releases statt.
		Wie reagiert der Hersteller auf Fehlermeldungen?	Die Fehlermeldungen werden i.d.R. in dem Bug-Tracking System aufgenommen.
		Wie ist das Toolverhalten auf Falsche Eingaben?	Neben AUTOSAR-Validierung und Fehlermeldungen beim Kompilieren und Linken, sind keine Prüfungen vorhanden.
Kompatibilität	Voraussetzung	In welche Werkzeuge ist das Tool integriert ?	Eclipse Indigo, ab Arctic Studio Version 1.4, vorher Eclipse HELIOS
		Welche Betriebssysteme werden vom Tool unterstützt?	Laut Herstellerangabe ist das Tool aufgrund der Eclipse Basis Betriebssystem unabhängig. Allerdings wurde es vom tool-Hersteller selbst nur auf der Windows Plattform getestet.
		Welche Prozessorarchitektur wird unterstützt?	Keine Information.
		Möglichkeiten zum Datenaustausch?	Zwischen diesem Tool und anderen Tools, erfolgt der Datenaustausch über das von AUTOSAR spezifizierte Austausch-Format ARXML.
		Importmöglichkeiten des Tools?	Das spezifizierte AUTOSAR XML Format (ARXML) wird unterstützt.
		Welche 3rd Party Tools sind bereits integriert?	Arctic Studio setzt auf das Eclipse-basierte Autosar-Framework Artop auf.

		Welche APIs besitzt das Tool?	Keine Information.
Handhabung	Darstellung	Erklären die Symbole der Werkzeuge die Funktion?	Da hier eine Vielzahl von Komponenten existiert, ist eine exakte Darstellung teilweise schwierig. Dennoch sind die gewählten Symbole verständlich.
		Lassen sich die Werkzeugsymbole anpassen oder ersetzten?	Nein.
		Sind die Werkzeuge strukturiert angeordnet?	Die Werkzeuge sind deutlich unterteilt in: - SWC Builder - Extract Builder - BSW Builder - RTE Builder
		Lässt sich die Anordnung vom Benutzer anpassen und speichern?	Die Anordnung lässt sich wie bei allen Eclipse Applikation selbst bestimmen. Hierzu können verschiedene Views ein- und ausgeblendet werden und Perspectives gestaltet werden.
		Wie tief ist die Verschachtelung im Menü?	Da die Darstellung über "Reiter" und falsche Ansichten gestaltet wurde, bleibt die Verschachtelungstiefe in einem akzeptablen Rahmen.
	Bedienungserleichterungen	Sind Bedienungserleichterungen vorhanden?	Keine speziellen - ansonsten können hier Short-Cuts innerhalb des Eclipse Frameworks definiert werden, bspw. F1- oder F3-Taste.
		Existiert eine farbliche Abgrenzungsmöglichkeit?	Die einzelnen Bestandteile, wie beispielsweise die BSW-Komponenten sind bereits durch ihr Symbol und die Reiter-Ansicht voneinander abgetrennt.
		Besitzt das Tool Automatisierungsfunktionen (z.B. Makrofunktionen)?	Keine Information.
		Existiert eine automatische Sicherung?	Keine Information.
		Lassen sich Vergleiche durchführen (z.B. Modellvergleichstool)?	Laut ArcCore bietet das Artop Framework Möglichkeiten ARXML Files rudimentär miteinander zu vergleichen. Außerhalb des Tools können auch Vergleichsmöglichkeiten für ARXML (z.B.: Notepad++) genutzt werden.
		Wird eine automatische Versionsverwaltung bereitgestellt?	In Eclipse kann CVS bzw. SVN genutzt werden. Da dies bereits integriert ist. Über Eclipse Mercurial, können die Releases des ArcCore-Verzeichnisses aktualisiert werden.

		Existieren weitere Bedienungserleichterungen?	Keine Information.
	Fehlersuche	Gibt es Fehlermeldungen?	Ja, für jede Konfiguration existiert die Möglichkeit eine AUTOSAR-Validierung durchzuführen. Sonst stehen die für Eclipse üblichen Fehler-Meldungen und Console-Outputs beim Kompilieren und Linken bereit.
		Kann aus der Fehlermeldung auf den Fehler geschlossen werden?	Bisherigen Fehlermeldungen waren sehr aussagekräftig und haben das betroffene Objekt referenziert. Es gibt aber auch Ausnahmen, so verweist das Tool bei Problemen in der Applikationsebene oft in die RTE.
		Gibt es eine Hilfe zur Lösung (Lösungsvorschlag)?	Zum Teil werden Warnungen ausgegeben, die darauf hinweisen, dass evtl. ein ungewollte Fehlkonfiguration vorliegen könnte.
	Bibliotheken	Sind Bibliotheken vorhanden?	Als Bibliotheken kann man die AUTOSAR BSW und MCALs bezeichnen. Auch im SWC Builder können laut ArcCore Bibliotheken genutzt werden.
		Lassen sich Bibliotheken erweitern?	Laut Herstellerangaben können auch andere MCALs oder Complex Driver Komponenten integriert werden. Bei der ITK Engineering AG wurden Ansätze in Bezug auf die Complex Driver Komponenten erarbeitet.
	Standards	Welche Standards werden unterstützt?	AUTOSAR 3.1, für 2012 Q3 wird auch eine AUTOSAR 4.x und 3.2.x Unterstützung geliefert.
	Style-Checker	Existieren Style-Checker für Modell und Code?	Es existiert eine Validierungsfunktion, welche das AUTOSAR Modell (ARXML) auf Konsistenz und Gültigkeit überprüft.
		Existieren Zertifizierungskits?	Keine Information.
	Dokumentation	Lassen sich Benennungsangaben vornehmen?	Keine Information.
		Ist die Dokumentation auf allen Ebenen möglich?	Nach Herstellerangabe, ist keine automatisierteDokumentationsmöglichkeit vorhanden. Es können aber Kommentare gesetzt werden, bspw. Im SWC Builder.
		Welche Dokumentationsformate werden unterstützt?	Keine Information.

	Benutzer	Wird eine detaillierte Parameterbeschreibung in der Dokumentation aufgelistet?	Für Parameter kann eine Dokumentation / Beschreibung vorgenommen werden; diese wird in der entsprechenden ARXML Datei mitübernommen (Bezug zum vorherigen Punkt).
		Wie wird eine einfache bzw. eine komplexe Aufgabe von einem Anfänger mit diesem Tool bewältig?	Für die Konfiguration der BSW-Komponenten ist Experten-Wissen notwendig. Das Design von SWCs setzt System-Verständnis voraus.
Spezielle Funktionen	Erstellung von SWCs	Wird eine grafische / symbolische Darstellung für das SWC Design angeboten?	Nein, nur eine Baumstruktur mit den einzelnen Elementen.
		Mit welchem Tool findet die SWC Erstellung statt?	SWC Builder
		Ist der Aufbau der SWC Komponenten übersichtlich?	Der Aufbau der Elemente findet in einer Baumstruktur statt. Durch die symbolische Darstellung der einzelnen Elemente ist die Darstellung recht übersichtlich. Allerdings werden Wertebereiche und Scaling-Classes auf der gleichen Hierarchie Ebene wie Input & Output Interfaces dargestellt. Wenn alle Wertebereiche in einer Gruppe dargestellt würden, wäre die Darstellung vermutlich übersichtlicher.
	Erstellung eines ECU Extract	Ist es möglich ein ECU Extract zu erstellen?	Ja, dieses wird aber nicht einfach aus der System Description erstellt, sondern durch die Zusammenarbeit mit dem SWC Builder.
		Falls ja: Mit welchem Tool?	Extract Builder
		Ist es möglich SWCs einer ECU zuzuordnen?	Ja, über den Reiter "Components" im Extract Builder kann dieses Mapping erfolgen.
		Ist es möglich automatischen Port-Mapping durchzuführen?	Ja, über den Reiter "Port Mappings".
		Ist es möglich ein automatisches Signal-Mapping durchzuführen?	Ja, über den Reiter "Outer Ports" (Teilfunktion).

		Ist es möglich ein Implementation Mapping durchzuführen?	Ja, im Reiter "Implementation Mappings". Den Zuordnungsinput bezieht sich die Auswahlbox aus dem SWC ARXML File. Diese Funktion muss noch weiter untersucht werden.
	Erstellung einer ECU Configuration	Ist es möglich eine ECU Configuration zu erstellen?	Ja.
		Falls ja: Mit welchem Tool?	BSW-Builder
		Welche Controller-Plattformen können ausgewählt werden?	Freescale: - HCS12 - MPC551x - MPC551x - MPC551x_Multicore - MPC5554 - MPC5567 - MPC560x - MPC5604B - MPC5668 ARM: - STM32_F107 - STM32_F103 TI: - TMS570 siehe auch: http://arccore.com/wiki/Target_Boards
		Welche Module können konfiguriert werden?	Adc, Can, CanIf, CanNm, CanSM, CanTp, Com, ComM, Dcm, Dem, Det, Dio, Ea, EcuC, EcuM, Fee, Gpt, IoHwAb, J939Tp, Mcu, MemIf, Nm, NvM, Os, PduR, Port, Pwm, Rte, SoAd, Spi, UdpNm, WdgIf, WdgM
		Kann XCP standardmäßig konfiguriert werden?	Nein.
		Ist es möglich das Output Verzeichnis, für die generierten Konfigurationssourcen frei zu wählen.	Ja.

		Ist es möglich eine Validierung der Einstellungen vorzunehmen?	Ja.
		Sonstige Besonderheiten?	Nicht weiter untersucht.
	Erstellung der RTE	Ist es möglich eine RTE-Konfiguration und -Generierung vorzunehmen?	Ja.
		Falls ja: Mit welchem Tool?	RTE-Builder, dieser ist integriert in den BSW Builder (auf Basis der ECU Configuration) und die RTE wird als BSW-Komponente konfiguriert.
		Was kann hier zusätzlich konfiguriert werden?	"System Signal Mapping", "Calibration" (genaue Funktion muss noch untersucht werden) und "Runnable to Task Mapping".
		Sonstige Besonderheiten?	Es ist möglich zur SWC-Integration Runnable-Stubs zu erzeugen (noch nicht getestet) Außerdem können SWC-Tester generiert werden. (noch nicht getestet).
		Synchronisierung mit dem ECU Extract	Die Synchronisierung mit dem Ecu Extract findet manuell im Dialog-Kontext der RTE Konfiguration statt.
	Interaktion mit Code Generatoren	Erfahrungen mit dSPACE TargetLink	In TargetLink angelegte SWCs lassen sich via ARXML Files im SWC Builder öffnen und bearbeiten. Auch umgekehrt, ist der Import von SWC-Rahmen aus dem SWC Builder in TargetLink erfolgreich erprobt worden. Die Implementierung kann über den Code-Generator erfolgen und eingefügt werden. Es lassen sich dann mit dem Arctic Studio lauffähige Executables erstellen.
		Erfahrungen mit The Mathworks Embedded Coder	Der Import von SWC-Rahmen aus dem SWC Builder in Embedded Coder ist erfolgreich erprobt worden. Die Implementierung kann über den Code-Generator erfolgen und eingefügt werden. Es lassen sich dann mit dem Arctic Studio lauffähige Executables erstellen: Erstellen einer Funktionalität mit Embedded Coder, und Builden des Projektes in Arctic Studio.
	Interaktion mit Architektur-Tools	Interaktion mit dSPACE SystemDesk	Bisher keine Erfahrungen.
		Interaktion mit Vector DaVinci Developer	Bisher keine Erfahrungen.
		Interaktion mit ETAS ASCET	Bisher keine Erfahrungen.

Beispiel: Konfigurationsansicht im Vector DaVinci Developer

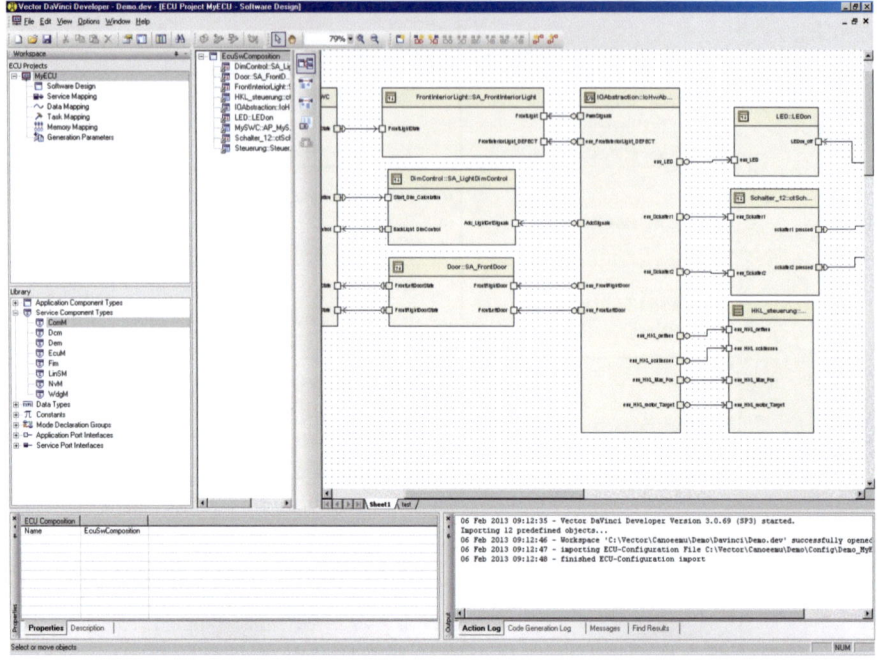